国家林业局普通高等教育“十三五”规划教材
高等院校风景园林设计初步系列规划教材

造型基础·色彩（第2版）

刘毅娟　编著

图书在版编目（CIP）数据

造型基础：色彩 / 刘毅娟编著. — 2版. — 北京：中国林业出版社，2017.6
（2023.7重印）
国家林业局普通高等教育“十三五”规划教材　高等院校风景园林设计初步系列规划教材

ISBN 978-7-5038-9037-6

Ⅰ. ①造… Ⅱ. ①刘… Ⅲ. ①造型艺术－高等学校－教材 ②色彩学－高等学校－教材 Ⅳ. ①J06

中国版本图书馆CIP数据核字(2017)第127114号

策划编辑　康红梅　田　苗　　**责任编辑**　田　苗　康红梅

出版发行　中国林业出版社
（100009　北京市西城区刘海胡同7号）
E-mail：jiaocaipublic@163.com　电话：83143500
经　　销　新华书店
制　　版　北京美光制版有限公司
印　　刷　北京中科印刷有限公司
版　　次　2010年5月第1版（共印1次）
2017年6月第2版
印　　次　2023年7月第2次印刷
印　　张　10
开　　本　889mm×1194mm　1/16
字　　数　245千字
定　　价　59.00元

第2版前言

随着生态文明和美丽中国建设的持续推进，风景园林学科随之发展，专业领域进一步扩展及知识结构进一步细化，风景园林设计初步之“造型基础”系列课程也随着时代的发展与时俱进。传承与创新是社会发展的动力。造型基础的色彩构成立足于扎实的造型艺术基础理论，并与中国传统造园的营造理论和中国审美情趣建立紧密联系，为今后风景园林的专业学习打下坚实的基础，助力智慧城和美丽中国建设，为社会提供人与自然和谐共处的居住环境，最大程度地满足人们日益增长的美好生活需要。

本次教材的修订主要从3个部分入手：第一，进一步梳理和规范色彩理论知识的专业术语；第二，结合教学改革的成果及学生创新作品，更换示范案例；第三，增加区域景观色彩学的研究案例等。通过梳理教材的内在逻辑和典范，使其条理清晰、表达准确、范例经典。本教材给初学者提供系统的理论框架、方法及思维模式，专业设计人员也能从中获得启示和灵感。

教材的修订是检验教学成果有力依据，真诚地感谢北京林业大学李雄副校长及园林学院领导、老师的支持和帮助。感谢杨东、张玉军等同事在教材修订中提出的宝贵意见及范例。感谢在教学中提出意见和建议的学生，他们提供了很好的见解及范例。

刘毅娟

2023年7月

第1版前言

“造型基础”课程是风景园林、城市规划和园林等专业的专业基础课，主要内容包括平面构成、立体构成和色彩构成。随着风景园林等专业领域的扩展和知识结构的细化，教学内容也相应改革。但是，目前市场上与“造型基础”课程相关的教材大都难以系统地、科学地反映教学改革要求。本套教材基于风景园林专业学习“造型基础”课程的具体实践，把设计与基础教育紧密关联起来，并结合近期的学生优秀作品进行解析和论证。

本教材包括6章内容，前5章系统地介绍了色彩的属性、色彩的对比关系、色彩调和的方法及配色原理、色彩的情感表述等内容，并强调了色彩在风景园林中的重要性。第6章以主题实验扩展对色彩理论知识的掌握，并将其渗透到形态和空间中，形成完整的造型表达。本教材条理清晰、图例准确、案例分析丰富，既可作为系统性的教学教材，引导学生进行观察、分析、判断、研究，鼓励学生独立思考和积极表达，培养学生长远的职业发展；又可作为自学用书，促进设计人员对现代风景园林设计观念的理解，并有利于激发其创造力。

本教材伴随着我的孩子的出生而诞生。在此，要真诚地感谢北京林业大学园林学院李雄院长及学院领导、同事的支持和帮助。感谢杨东、张玉军等同行在我教学困惑时所给予的帮助与支持。感谢在教学中提出意见和建议的学生，为完成本书，他们提供了很好的案例及样本。

由于时间仓促，经验不足，疏漏之处在所难免，敬请各位专家、读者批评指正，提出宝贵意见，使本套教材尽早完善。

刘毅娟

2010年1月

目 录

第2版前言

第1版前言

第1章 色彩构成概述

1.1 **无处不在的色彩** *2*

1.2 **色彩理论的发展** *5*

1.2.1 传统艺术中色彩理论的发展

1.2.2 印象派艺术中色彩与光的理论的发展

1.2.3 包豪斯色彩教育理论体系的形成

1.2.4 色彩构成对现代设计的影响

1.2.5 风景园林设计中的色彩构成理论

1.3 **色彩构成的环境因素影响** *14*

1.3.1 自然环境对色彩构成的影响

1.3.2 人文环境对色彩构成的影响

1.4 **理解色彩的训练——向艺术大师学习** *16*

1.4.1 缘起

1.4.2 练习

第2章 色彩属性

2.1 **感知色彩** *19*

2.2 **色彩的基本属性** *21*

2.2.1 色相

2.2.2 明度

2.2.3 纯度

2.3 **色彩之间的基本关系** *24*

2.3.1 同类色、邻近色、对比色、互补色

2.3.2 色彩的冷暖特征

2.4 **色彩的表示** *25*

2.4.1 色彩的命名

2.4.2 国际色彩体系

2.5 **色彩属性实验** *31*

2.5.1 实验1：色彩拼贴

2.5.2 实验2：分别以色相、明度、纯度的渐变关系进行色彩创作

2.5.3 实验3：利用色相、明度、纯度的渐变关系进行综合的色彩创作

2.5.4 实验4：创作过程的借鉴

第3章 色彩对比

3.1 **色相对比** *42*

3.1.1 同类色相对比

3.1.2 邻近色相对比

3.1.3 对比色相对比

3.1.4 互补色相对比

3.2 **明度对比** *53*

3.2.1 高短调

3.2.2 高中调

3.2.3 高长调

3.2.4 中短调

3.2.5 中中调

3.2.6 中长调

3.2.7 低短调

3.2.8 低中调

3.2.9 低长调

3.2.10 最长调

3.3 **纯度对比** *62*

3.3.1 高彩对比

3.3.2 中彩对比
3.3.3 低彩对比
3.3.4 艳灰对比

3.4 同时对比和继时对比 *65*

3.4.1 同时对比
3.4.2 继时对比

3.5 面积对比与位置对比 *67*

3.5.1 面积对比
3.5.2 位置对比

3.6 形状对比与肌理对比 *69*

3.6.1 形状对比
3.6.2 肌理对比

3.7 色彩对比关系实验 *70*

3.7.1 实验5：色相对比
3.7.2 实验6：明度对比
3.7.3 实验7：纯度对比
3.7.4 实验8：色相明度与纯度的综合对比
3.7.5 实验9：园林色彩景观的平面化分析

第4章 色彩调和

4.1 共性调和 *82*

4.1.1 以色相为基础的共性调和
4.1.2 以明度为基础的共性调和
4.1.3 以纯度为基础的共性调和
4.1.4 同一背景的共性调和

4.2 面积比调和 *87*

4.3 秩序调和 *88*

4.4 实验10：色彩调和 *90*

第5章 色彩的联想、情感表述与构成规律

5.1 色彩联想与空间想象 *96*

5.1.1 色彩联想
5.1.2 四季色彩的抽取与联想

5.2 色彩的情感表述 *110*

5.2.1 色彩的情感
5.2.2 色彩情感的空间表述

5.3 色彩的布局与构成规律 *114*

5.3.1 色彩的结构布局
5.3.2 色彩的构成规律

5.4 区域景观色彩的研究 *116*

5.4.1 区域景观色彩研究原理
5.4.2 区域景观色彩研究对象
5.4.3 区域景观色彩特质
5.4.4 基本实践方法

5.5 案例分析 *118*

5.5.1 研究方法
5.5.2 色彩元素的采集与分析
5.5.3 整体色彩结构布局的分析
5.5.4 分区色彩结构布局分析
5.5.5 主要景点景色分析
5.5.6 总结

5.6 色彩情感联想及表述实验 *126*

5.6.1 实验11：抽取特定区域的四季色彩
5.6.2 实验12：色彩的精神表述

第6章 色彩综合构成实验

6.1 实验13：色彩盒子 *132*

6.2 实验14：故乡的色彩花园设计 *139*

6.3 实验15：四季花园与色彩创作 *150*

参考文献

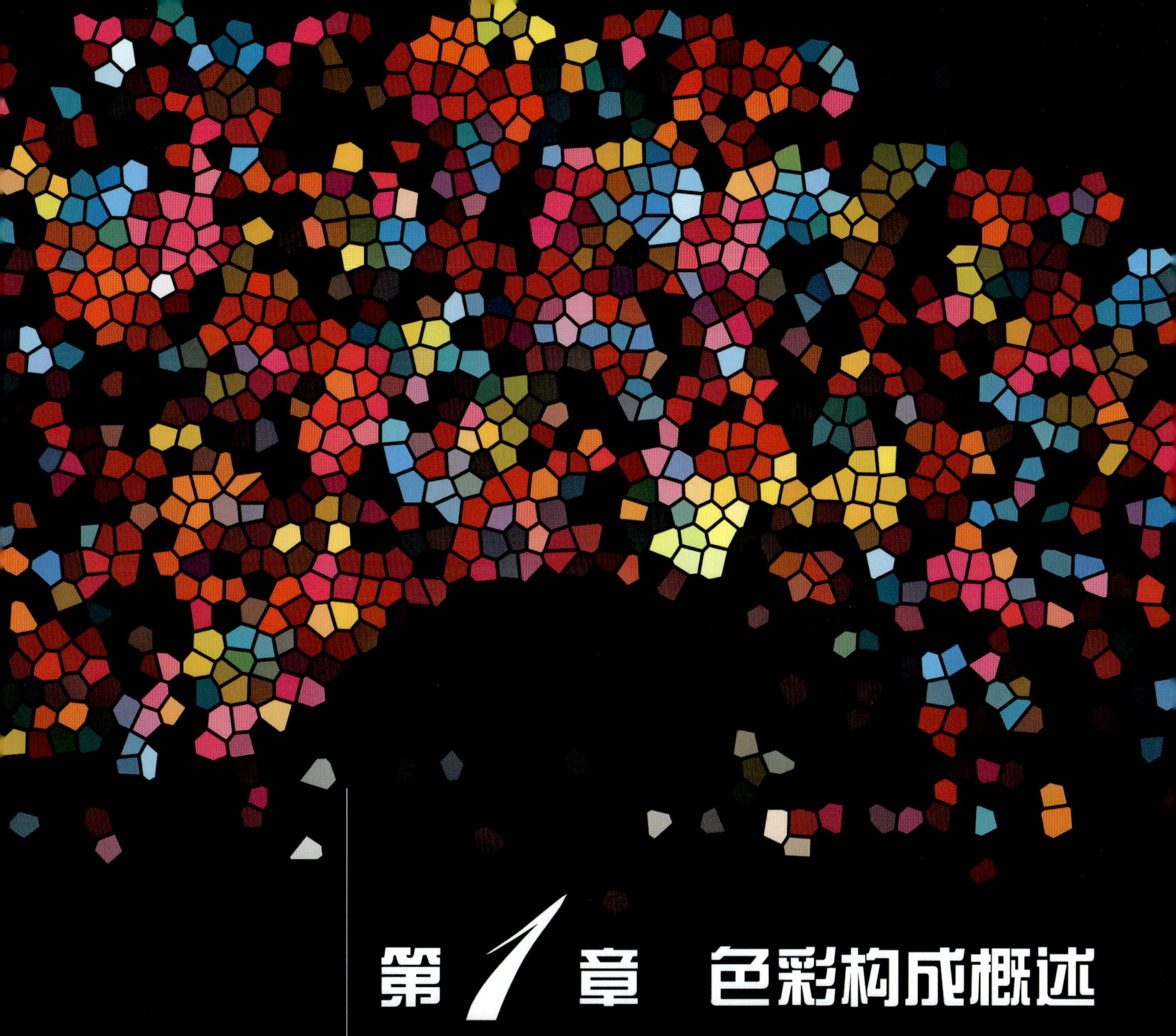

第1章 色彩构成概述

- 无处不在的色彩
- 色彩理论的发展
- 色彩构成的环境因素影响
- 理解色彩的训练——向艺术大师学习

大自然向人们展示的物质、生命、存在、运动状态及生机勃勃的色彩关系，与我们的生活有着密切的联系。视觉是人们认识世界的窗口，对于色彩有着特殊的敏感性，因此，色彩比形、体所显现的美感魅力更为强烈与直接，具有渲染气氛及先声夺人之势，在视觉艺术中具有十分重要的地位。随着社会意识形式的发展，人们感受到色彩和谐的愉快，并产生以色彩美化生活的强烈欲望。

色彩构成的学习让我们更好地理解色彩关系、组织规律、审美规律。每种色彩都是一名演员，而设计师是全场的总导演。演员们各自有着怎样的性格和天赋，适合演出剧本中的哪个角色，习惯说什么样的台词，谁与谁合作特别愉快，而谁与谁似乎很难相处？色彩神奇但不神秘，只要摸透了它们的脾气，它们就会变得驯服听话，任凭差遣。

1.1 无处不在的色彩

大千世界中充满了色彩。生活中的衣食住行，都离不开色彩的渲染。出门前确定衣着的格调是否与工作或出游的性质相吻合（图1-1），根据身体的状况及视觉的喜好来选择一日三餐（图1-2），布置与选择居住、工作、休闲娱乐的环境（图1-3），选择出门的交通工具（图1-4）等，都

图1-1 为不同的工作生活内容选择不同格调的服饰

图1-2 一日三餐的选择

图1-3　居住、工作、休闲娱乐环境的布置与选择

图1-4　交通工具的选择

让人体会到色彩作为第一印象的渲染作用。

走入大自然，能看到的色彩更是令人称神。天空、水体、土地、植物、动物等，都呈现出多种多样的色彩（图1-5）这些来自大自然的色彩是变幻无穷、生长流动的。比如，随地理位置的变化，土地呈现不同的颜色，中国国土广袤，土壤种类繁多，土壤中所含矿物成分不同，呈现的颜色各异。在中国古代，统治者用青、红、黄、白、黑5种颜色的泥土筑坛，用五色土象征天下的泥土。当然全世界土壤的颜色远不止这些。

随着四季变迁，植物会呈现出周期性的色彩变化（图1-6）。动物也会改变体表颜色来适应环

图1-5　丰富多彩的自然界

图1-6　植物界的色彩变化（引自《色彩设计在法国》）

境，比如变色龙能随周围环境色彩、温度以及心情改变体表色彩；又比如生活在冻原地区的雷鸟，会在冬季换上与雪同色的白色羽毛，而夏天则是斑驳的灰褐色（图1-7）。

观察与总结是与色彩增进感情的最好方法。我们在生活中体验色彩的联想和精神表述，分析所见场景的色彩构成，就能随时随地发现色彩美之所在。

图1-7 动物界的色彩变化

1.2 色彩理论的发展

虽然色彩就在人们身边，但人类对色彩的认识，却经历了漫长的发展历程。在此仅分5个部分介绍：传统艺术中色彩理论的发展；印象派艺术中色彩与光的理论的发展；包豪斯色彩教育理论体系的形成；色彩构成对现代设计的影响；风景园林设计中的色彩构成理论。

1.2.1 传统艺术中色彩理论的发展

在原始社会，原始人已经会在岩壁、器皿、身体上绘制出各种彩色图案。由于获得色彩的技术及认知能力有限，色彩主要为红、黑、白3种。虽然，所用色彩显得单一，但这几种色彩的结合显得单纯而强烈，传达出对万物神灵的崇拜和色彩的神秘感。无论是中国的彩陶还是欧洲的洞穴壁画，这种原始而单纯的色彩在应用方面都有着相似之处。如中国的彩陶文化多出现在黄河中游地区，多在细泥红陶和夹砂红陶上进行彩绘；法国拉斯科克斯洞穴壁画所用颜料由木炭、红土及动物脂肪油与黏土调制，以黑色、红色、黄褐色为主（图1-8）。

中西方文化随历史的发展，到了封建社会，色彩艺术作为文化的一部分，充分

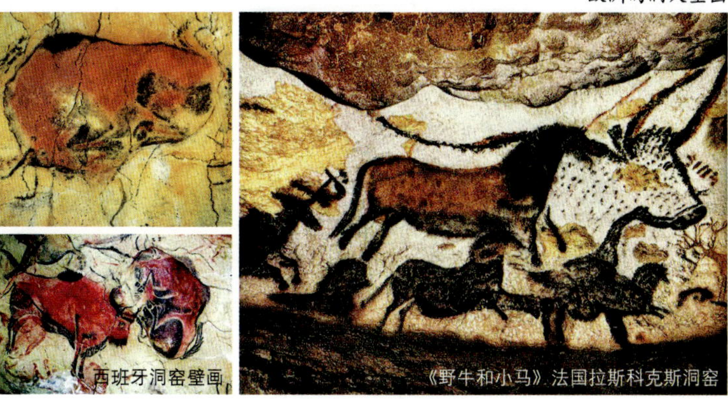

图1-8 原始社会艺术的色彩比较

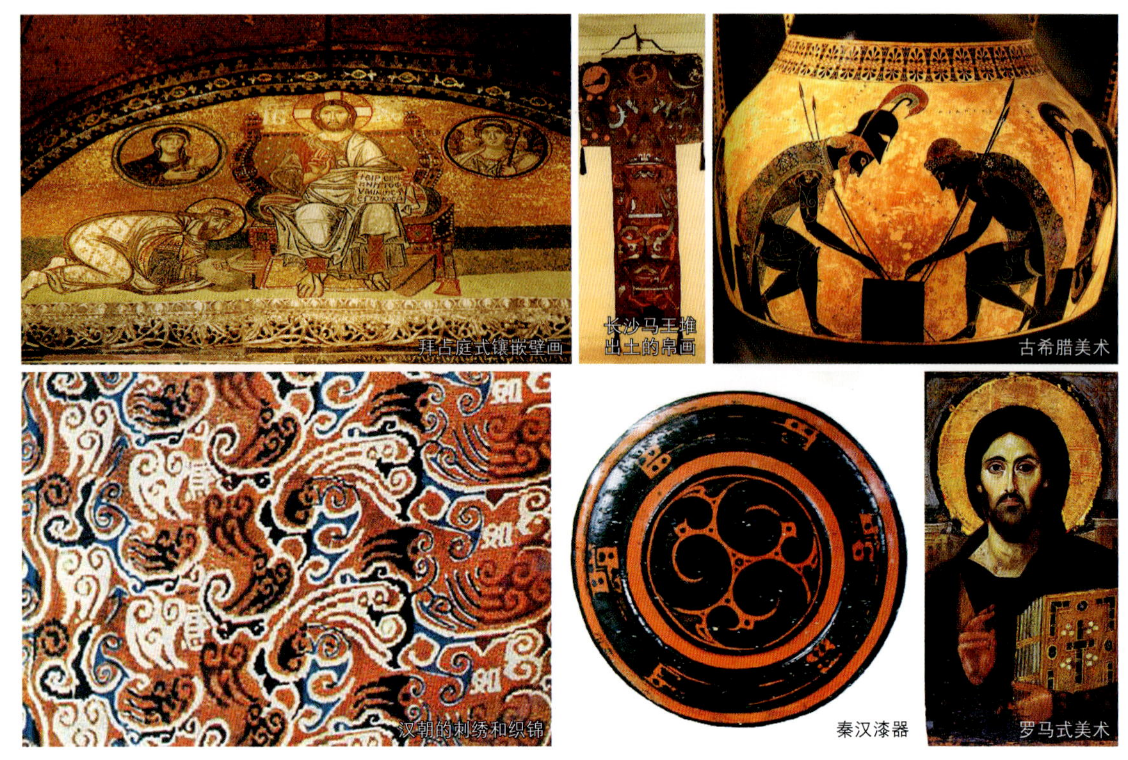

图1-9　封建社会早期艺术的色彩比较

地反映这两大体系的异同点。

中国约在公元前500年（西周时期），就已经提出了“正色”和“间色”的色彩概念，即以“五色”（青赤黄白黑）为正色，并用五色混合得到丰富的间色。到了汉代，色彩斑斓，单凭肉眼就能识别的颜色有近20种，纹饰图案十分丰富，且技法多样。由于丝绸之路西域道的开通，丝绸大量输出到西方，东西方文化相互影响。同时期的西方艺术中，产生了具有强烈色彩的罗马和拜占庭的多种着色镶嵌细工传统，镶嵌细工对色彩技艺要求很高，画面中的每个色域都由彩色玻璃、碎石、贝壳、金属等材质的色彩点子构成，所用的每种色彩都要经过斟酌（图1-9）。

到了隋唐盛世，我国丝织印染业的发展达到巅峰，各色织物通过“丝绸之路”源源不断地流入世界各地，影响西方艺术；同时西方文化也影响中国的艺术，如色彩以黄、褐、绿三色为主且生动亮丽的“唐三彩”陶器。宋元时期，人们的色彩感又有了进一步的提高，中国画的色彩变得更加多样微妙，同时也变得更为写实，著名山水画家王希孟的《千里江山图》富丽细腻、气势磅礴，是宋代青绿山水画的代表作。瓷器和彩陶工艺方面还出现了许多丰富的新釉种，如青花釉等。唐代色彩追求富贵华丽，而宋元时期的作品多清淡高雅，着重以色彩表现品格与情趣。

同时期的西方宗教蒸蒸日上，罗马式教堂、拜占庭式教堂、哥特式教堂在色彩方面的艺术创造性都不容忽视，但这些宗教建筑所使用的色彩往往被赋予宗教的象征性。如坐落在法国巴黎市中心塞纳河中央西岱岛上的巴黎圣母院（始建于1163年，1320年落成）的彩绘玻璃窗（玫瑰窗）向人们描绘出天国的神秘感和梦幻感，出现最多的两种色彩为在基督教中象征真理的神圣的蓝色，以及象征天主圣爱的红色。与此同时，欧洲画家致力于以现实主义的手法再现人体和物体的固有色，在作品中着重体现色彩的深浅明暗关系（图1-10）。

到了明清时期（15～18世纪），民族的大融合丰富了艺术色彩理论。画风迭变，画派繁兴，水墨山水和写意花鸟勃兴，成就显著，民间绘画呈空前繁盛局面。宫廷绘画在康熙、雍正、乾隆时期也获得了较大的发展，并呈现出与前代院体迥异的新风貌，其中工艺美术得到空前发展，御用器皿色彩精致、生动。雍正时期粉彩瓷的色泽特别精致、柔和，皴染层次丰富，图案所用色彩多为浅红浅绿，杂以墨绿为衬；也有利用西方的珐琅彩料，在瓷胎上进行绘画，珐琅彩少量为色地，更多的

图1-10 封建社会中期艺术的色彩比较

图1-11　封建社会晚期艺术的色彩比较

为在白地上绘画，并配以诗句和印章，和中国画相似。

同时期的西方经历了文艺复兴，后逐步进入华丽精致的洛可可时代。无论是文艺复兴时期的意大利画家达芬奇、拉斐尔，巴洛克时期的佛兰德斯画家鲁本斯，还是古典主义时期的法国画家大卫，他们的作品在色彩方面都是以“固有色”的概念为依据进行创作，讲究色彩的薄厚关系、深浅关系、明暗关系，而绝无彩度及其他色彩的关系。然而到了18世纪在法国兴起华丽精致的洛可可风格，色彩开始发生改变，从凝重走向抒情而轻快的色彩风格，显得颇具魅力（图1-11）。

1.2.2　印象派艺术中色彩与光的理论的发展

19世纪80年代，印象派绘画在法国诞生，画家们开始将色彩从古典绘画中解放出来，将其作为绘画首要的表现目的。印象派的代表画家莫奈曾说：“试着忘却你眼前的一切，不论它是树、屋或是畦田；只要想象这儿是一个小方块的蓝，这儿是长方形的粉红，这儿是长条纹的黄，色便照你认为的去画便是……”

之前科学家们关于色彩和光的大量科学探索为人们提供了色彩构成的理论依据。后来，不少科学家、画家、教育家参与进来，相继发现和创立了七色光谱学说、色环、三原色理论、色立体等，建立了一整套色彩科学，极大地拓展了人类对于色彩的理解和感知。各种有逻辑的色彩体系纷纷诞生，艺术家们开始注重用色彩关系去表现绘画主题。印象派致力于表现在光的影响下色彩发生的瞬间变化，重视环境色的作用，令人们得到了前所未有的艺术体验，从而真正睁开了色彩的眼睛（图1-12，图1-13）。

从19世纪末20世纪初开始，随着工业技术的发展以及人们对客观事物认识的加深，色彩在现代派美术中的表现变得更加自由和抽象，被赋予了独立的审美价值。后印象派、立体派、抽象主义派、野兽派、超现实主义派等美术派别所使用的色彩并不拘泥于客观形态的色彩，而是根据艺术表达的需要进行构成。

后印象派已经不满足于印象派对光与色彩的片面追求，而是进一步强调作品对情绪的抒发（图1-14，图1-15）。野兽派延续了后印象派的探

图1-12 《日出·印象》 莫奈

创作之初，画家被笼罩在晨曦和薄雾当中的阿弗尔港口整体呈现出的灰色调色彩和鲜艳的橙红色朝阳所感动，然后把这种景象通过凌乱而轻快的笔触进行表达：发灰的紫色和橙黄色的海水，由一些紫色、橙色、浅红色共同构成的天空，朝阳的光色、雾气的散射以及水面对光的反射，都在画面中得到了生动轻快的体现。这幅画最初展出时曾被记者指责为“对美与真实的否定，只能给人一种印象”。

而由此得名的“印象主义”却从此在艺术界如朝阳般喷薄而出，不但脱掉了最初的贬义内涵，而且成为了影响深远的世界画派

图1-13 《睡莲系列作品之Flowers by the pond》 莫奈

在画中我们很难找到物体明确的边缘，只有大量色彩点条块的堆叠。但我们还是能感受到画中描绘的情景：繁茂的花和叶倒映在池塘波光粼粼的水面，花叶掩映当中还隐约可见蓝天的影子。色彩有着很丰富的层次感，比如，叶子并非单一的青绿色（固有色），而是掺杂了蓝紫色、黄色甚至紫红色等多种色彩。整个画面的光与色是流动的、活跃的，看起来变化万千。

图1-14 《星夜》梵高

图1-15 《向日葵》梵高

梵高的作品，应用的是印象派的技法，表现的是画者内心所爆发的感情。梵高喜欢使用高纯度的夸张的色彩，极其偏爱黄色。在《星夜》中他用蓝紫色的背景衬出星与月流动的明亮的黄，在《向日葵》中则大量使用各种明度的黄色来互相映衬。梵高的激情和敏感在作品中表现得淋漓尽致，这种强烈的色彩构成中蕴含的情绪极具感染力

图1-16 《金羽毛的蜥蜴》米罗

索，用大胆而醒目的配色表现情绪。而立体派则在对形体的分析和重构当中，致力于表现色彩的结构感。

到了20世纪，现代艺术的先驱们又促进了色彩语言与主观精神的研究，色彩脱离了自然光线，成为不依附于自然界任何物体，像音乐一样，任由艺术家随心所欲地选择组构、创造调试的旋律（图1-16）。

随着科学的发展，人们认识到色彩源于光线，是色光辐射与表面吸收反射的结果。自然界中根本不存在固定不变的色彩，“固有色”只是一种认知的概念，本是不存在的。各种光源色不停地变

幻，左邻右舍的环境色互相折射，物质的反射程度、空间距离、运动中的视觉及错觉，每时每刻都在创造色彩，改变色彩的关系。

1.2.3 包豪斯色彩教育理论体系的形成

包豪斯（Bauhaus）是世界上第一所完全为发展设计教育而建立的学院。包豪斯的存在时间虽然不过14年，却奠定了现代设计教育的基础课程结构及严谨的理论基础。通过理论的教育，来启发学生的创造力，丰富学生的视觉经验，为进一步的专业设计奠定基础。

色彩的教育一直贯穿在包豪斯大部分的课程之中，这是一个非常特别的地方。在色彩教育理论方面的主要代表有伊顿、康定斯基和克利，他们的基础课程都建立在严格的理论体系基础上。

伊顿的最大成就在于开设了现代色彩学的课程，他对色彩理论领会得很透彻，其教学理论深受德国最重要的色彩理论专家约翰·歌德的影响。在教学中强调色彩训练与几何形态的内在关系，色彩的对比，明度对于色彩的影响，冷暖色调的心理感受，对比色彩系列的结构等。他的色彩教育对于包豪斯的学生来说是影响深远的。

康定斯基对于色彩和形体与伊顿具有同样的看法，但他比较重视形式和色彩的细节关系。伊顿是从总的规律来教授，而康定斯基则比较集中研究形式和色彩具体到设计项目上的应用：如研究色彩的温度与形式的变化关系，对于色彩的纯度、明度、色彩的调和关系，色彩对于人的心理影响等。康定斯基通过严格的教学方式进行逐步引导，最后使学生完全掌握色彩与形式的理论，并能得心应手地应用到具体的设计中。

克利在很大程度上与伊顿、康定斯基相似。但他更加强调不同艺术之间的关系，感觉与创造性之间的关系，如绘画与音乐的对比关系。

1.2.4 色彩构成对现代设计的影响

到了现代，色彩的艺术功能和科学功能正不断地取得高度统一。色彩不再是艺术家的专利，而是渗透在工业、室内、建筑、服装、广告等生活的各个领域当中（图1-17）。

1.2.5 风景园林设计中的色彩构成理论

随着时代的发展，风景园林的定位和概念的发展也与时俱进。但由于其学科覆盖的专业面比较广，很难形成严谨科学的色彩理论依据。纵观风景园林设计的历史，色彩理论设计一直没有得到足够的重视，只是在植物色彩搭配方面有一些理论的发展。

当我们回顾西方传统花园中的色彩应用时，不可避免地会提到英国造园师格特鲁德·吉基尔（Gertrude Jekyll，1843—1932），她是当时无可争辩的最具影响力的造园师。从19世纪20年代起，有关色彩运用的话题在园艺杂志中被广泛讨论，但吉基尔女士以她丰富的植物知识（植物需要的栽培条件，开花时期）和敏锐的色彩感觉，成为了最重要的风景园林色彩专家，她的理论至今仍然能为风景园林设计师带来启发（图1-18）。

当我们用视觉和身体感悟风景园林时，第一个抓住感受的往往是氛围的营造。而影响氛围的诸多元素中，起主导作用的是色彩搭配的整体印象。在风景园林景观中，最难把握的就是色彩的变幻性。植物为自然色部分，它的色彩随着时令及地理位置的变化而丰富多彩，即使是同一个景观，其

《家中的色彩》室内设计的色彩理论逐渐成熟

墨西哥著名建筑师路易斯·巴拉干设计的圣·克里斯特博马厩与别墅

三宅一生的服装设计

图1-17　色彩构成对现代设计的影响

格特鲁德·吉基尔喜欢将红色、橙色的植物种在一起，加入黄色、蓝色的植物形成对比。她还提倡在花境中间种植暖色调植物，两端种植冷色调植物，以形成色彩弱—强—弱的节奏

图1-18　格特鲁德·吉基尔之手绘稿和野趣园照片

情调也会随季节和时间发生很大的变化；自然大背景——天空也随季节、气候和时间的变化而变化，水面由于镜像的原理也随之变幻色彩；建筑、小品、铺装等人为景观元素大都为半自然色和人工色，受一定的光影变化影响，也受使用者和设计师的影响，同时还受信仰和文化差异的影响（图1-19）。这些元素之间既是整体的又是相对独立的。作为专业的设计师，在对色彩进行控制和搭配时，重要的是处理好这些元素在变化中的微妙关系，令整体构架统一协调，让色彩氛围引导人们进入不同的情调空间。

在现代庭院中，设计师通过对景观色彩的控制，可以得到不同的环境体验。冷色能创造宁静的环境，暖色则给人温馨、热闹的感觉（图1-20）。西方园林的色彩风格浓重艳丽，显得热烈奔放；东方风景园林的色彩风格朴素淡雅，含义隽永（图1-21）。

同一景观在不同季节呈现的不同情调

自然环境的大背景随时间的变化而变化（西湖的傍晚和黎明）

建筑色彩受使用者和建筑师影响

不同的信仰和文化产生的不同的色彩配色

图1-19　风景园林景观中色彩的变幻性

图1-20　冷暖色彩基调的庭院设计

图1-21　东西方园林的色彩风格

1.3 色彩构成的环境因素影响

色彩构成除了随时代的推进而纵向地发展，在横向方面，地域环境对色彩构成的影响也是不容忽视的。

如果平时注意观察，就能发现“籍贯”对人的影响，如来自甘肃一带的人们，其脸型和眼型大多细而尖削（有利于抵御风沙）；来自烟水茫茫的苏杭一带的人则大多是圆脸大眼睛双眼皮。我们还常说东北人豪爽、南方人精明，等等。人的相貌、性格、喜好都会受到所处地域的自然环境和人文环境的影响，即所谓“一方水土养一方人”。

色彩构成也有“籍贯”。居住在不同地域的人们，在所使用的色彩构成方面各有特点。地域性的色彩构成特点有很多种，也许是某一类有强烈风格的色彩搭配，也许是某些色彩偏好或禁忌。探究不同地域的不同色彩构成，就好像跟来自四面八方的人聊天一样，能让我们获得许多有趣的体验。同样，色彩构成受地域环境的影响也可以大致分为两个方面：自然环境和人文环境。

1.3.1 自然环境对色彩构成的影响

自然环境的色彩是人们进行色彩构成创作的大背景，地域性建筑的色彩表现与该地区自然环境的特点关系密切。

北欧的地中海地区和我国的江南地区，虽然都是中低纬度地区，气候却不同，因而自然环境显现的色彩不同，最终导致建筑色彩的构成形式也就各不相同。地中海地区的天气常常是晴朗的，天空和

图1-22 北欧地中海地区和我国江南地区的地域色彩差异

图1-23 巴黎老城区的色彩

海水在阳光下蓝得惊心动魄，生活在这种环境中的人们自然忍不住要爱上鲜明的色彩构成。红瓦白墙与大环境的蓝色构成暖色与冷色的对比，显得建筑温馨而舒适。徽派建筑主要的兴起和发展地区为我国江南一带，这些地区植被茂密，潮湿多雾，常常呈现“烟锁重楼”的灰蒙蒙的景象。“青砖黛瓦马头墙”的徽派建筑有着宛如水墨画的雅致意境，正与环境表现出来的韵味相一致（图1-22）。

再如巴黎老城区的色彩，从地理角度看，由于巴黎受温带海洋性气候的影响，常年阴雨连绵，鲜见阳光。在这样的自然背景下，经过几千年沉淀出了这种整体城市色彩形象：无论是历史古迹还是普通民宅，建筑墙体基本是由亮丽而高雅的奶酪色系粉刷，而建筑物的屋顶以及埃菲尔铁塔等则主要是由深冷灰色系涂饰。奶酪色系在这种特殊的自然背景下显得光感十足，而深冷灰色系在起到很好的色彩对比作用的同时使天界线生动而有活力，无论天气晴朗还是阴雨连绵都起到很好的色彩过渡作用（图1-23）。

此外，阿尔及利亚沙漠南部的一些地区，人们大多喜欢用白、蓝、黄三色作为建筑物的色彩。白色是为了反射强烈的日光以避免建筑吸收太多热量；蓝色系的装饰可以缓和蓝天与黄沙的强对比关系，同时也是宗教信仰的一种符号，据说还能避免害虫的侵蚀；黄色则是取自沙漠本身的色彩（图1-24）。

图1-24 阿尔及利亚的建筑以白、蓝、黄三色为主

1.3.2 人文环境对色彩构成的影响

文化差异导致人们对同样的一组色彩可能产生不同的解读。不同民族、不同文化的人们对色彩各有偏好与禁忌。

例如，我国偏好红色，认为红色是吉祥喜庆的象征，传统婚礼服装和用具都以大红为主色；在西方国家，婚礼上新娘的服装则是白色的，因为白色在他们眼中象征着纯洁、忠贞和神圣。而白色在我国则是传统的丧服颜色，在古代只有家里有丧事的人才“浑身缟素”，以寄托对死者的哀思。

又如，黄色在我国能令人联想到皇室金碧辉煌的气派；而在马来西亚黄色代表的是死亡，人们都尽量避免穿黄色衣服；到了苏丹黄色又变成象征美丽的色彩，当地妇女都喜爱沐烟浴雾，以便将原本黝黑的肤色变成黄色。

1.4 理解色彩的训练——向艺术大师学习

1.4.1 缘起

法国色彩设计大师朗科罗有一种设计方法：将艺术大师艺术作品的色彩配置转化到室内及空间的色彩设计中，如图1-25所示。

1.4.2 练习

题目 绘画艺术大师作品的色彩及比例分析

目的 用解构的眼光看待作品中的色彩构成及解构作品色彩构成的方法。

方法 选取一张艺术大师的绘画作品，按不同色彩的分界线剪开，再将色彩类似的碎片放在一起进行归类，将归类结果归纳成具有面积比例的色块。将原始画面、按色彩剪开归类后的碎片、归纳出的比例色块粘贴或画在同一张A4纸上，如图1-26所示。

图1-25 朗科罗的色彩设计方法（引自《色彩设计在法国》）

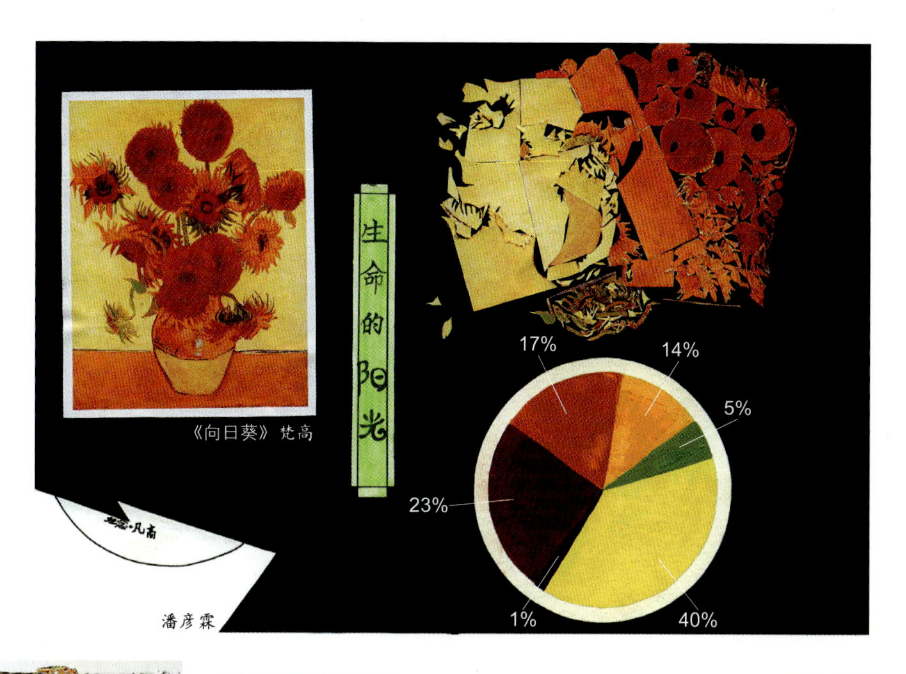

图1-26 大师作品的色彩解构（学生作品）

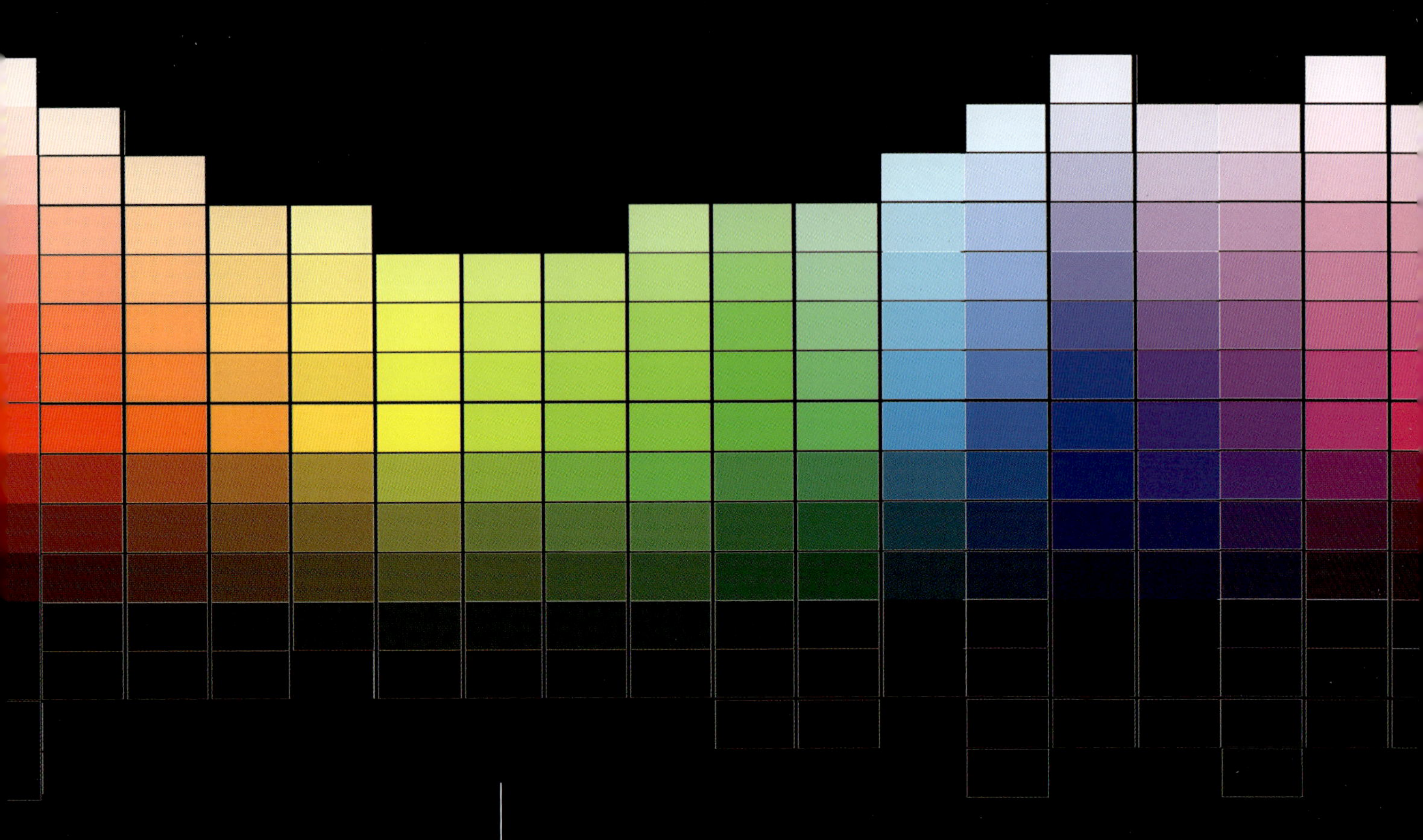

第2章　色彩属性

- 感知色彩
- 色彩的基本属性
- 色彩之间的基本关系
- 色彩的表示
- 色彩属性实验

色彩是什么？

我们是怎么看到色彩的？

色彩有哪些属性？

色彩属性之间有什么样的联系？

我们所能摆弄的无穷的色彩就像一大堆有趣的书，令人眼花缭乱，这就需要建立一个有序的书架将它们逐一归位摆放，以方便查找。在这个建立秩序的过程中，我们对色彩属性将有更深入的体会。为了更方便理解色彩属性，本章主要以伊顿色相环作为认识色彩的依据。

2.1 感知色彩

在大量的色彩资料里，常见到两个很令人挠头的专业术语：RGB加法混合、CMY减法混合（图2-1）。这些奇妙的色彩算式，是物理学在自然界中的体现。

RGB加法混合其实是光的产物，在物理学里解释为在一种色光中加入另外一种色光。加入的色光越多，色彩的混合成分就越多，颜色就越亮。1666年，物理学家牛顿使用三棱镜分解太阳光，得到了太阳光的光谱。光谱中的红橙黄绿青蓝紫这7种色光能诱发人们的色彩视觉，称为可见光。可见光的波长在380～780nm范围内，其中红色光的波长最长，紫色光的波长最短（图2-2）。

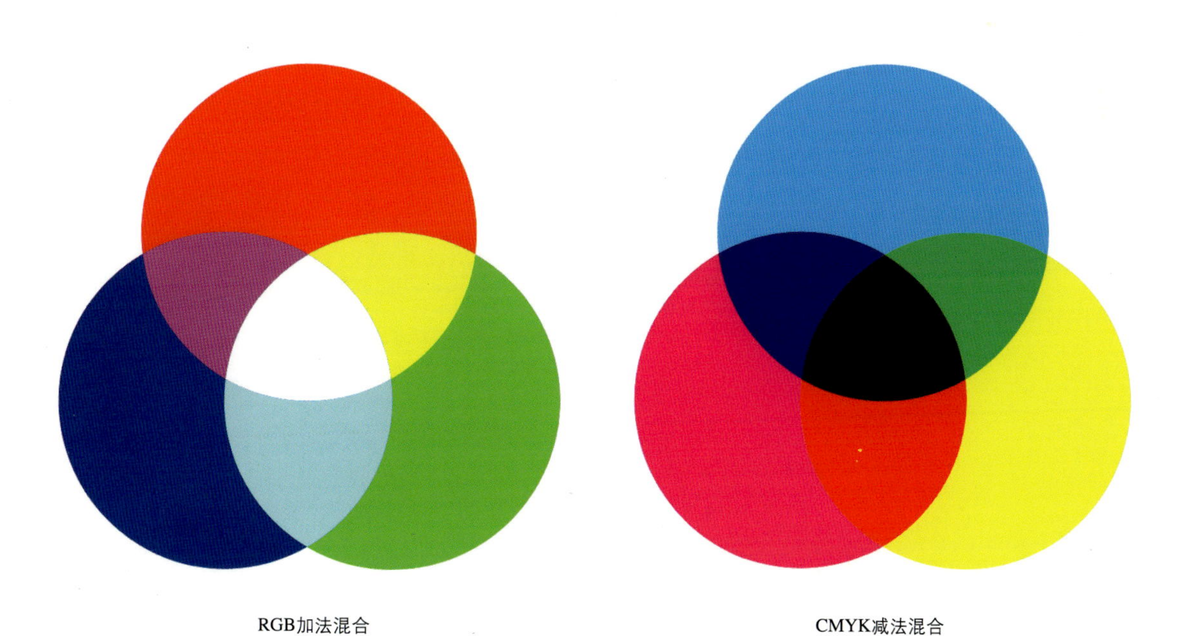

图2-1　色彩的加法混合和减法混合

RGB加法混合：R+G=Y（红+绿=黄），B+R=M（蓝+红=品红），G+B=C（绿+蓝=青）；R+G+B=W（红+绿+蓝=白）。

CMY减法混合：M+C=B（品红+青=蓝），M+Y=R（品红+黄=红），C+Y=G（青+黄=绿）；C+M+Y=K（青+品红+黄=黑）

图2-2　三棱镜分解出七色光

CMY减法混合则是自然界事物本身的色素或人工色料的混合。每个活生命体都有其内在的色素，如叶绿素、胡萝卜素、黑色素等。人们通常从自然界提炼色素，并加以合成，涂抹于物体的表面。各种绘画色料、油漆涂料、彩妆用品等，都属于人工色料。当把C、M、Y相互混合时，颜色越混越暗，形成墨色系，但不是纯黑色。所以，在印刷领域还要加纯黑，故叫CMYK（图2-3）。

在了解色彩加法混合与色彩减法混合的方式后，再理解色彩的产生及演变就显容易了。

当太阳光到达含有绿色素的植物时，其他色光被植物吸收，而绿光被反射给眼睛，传给大脑，这样人们就看到植物是绿色的，具体如图2-4所示。当光线到达涂有红色的建筑时，其他色光被吸收，而红光被反射给了眼睛，传给大脑，这样人们看到建筑是红色的。

如发光二极管、电灯等是太阳光的替代品，彩色电视、计算机、舞台灯这些光源都以色彩加法混合方式产生色彩。人们可以改变光源的色彩，以形成视觉刺激与错觉（图2-5）。物体表面的着色，通过自然的或者人工合成的色素来完成，所使用的是色彩减法混合的方式，如绘画时用色的原理。

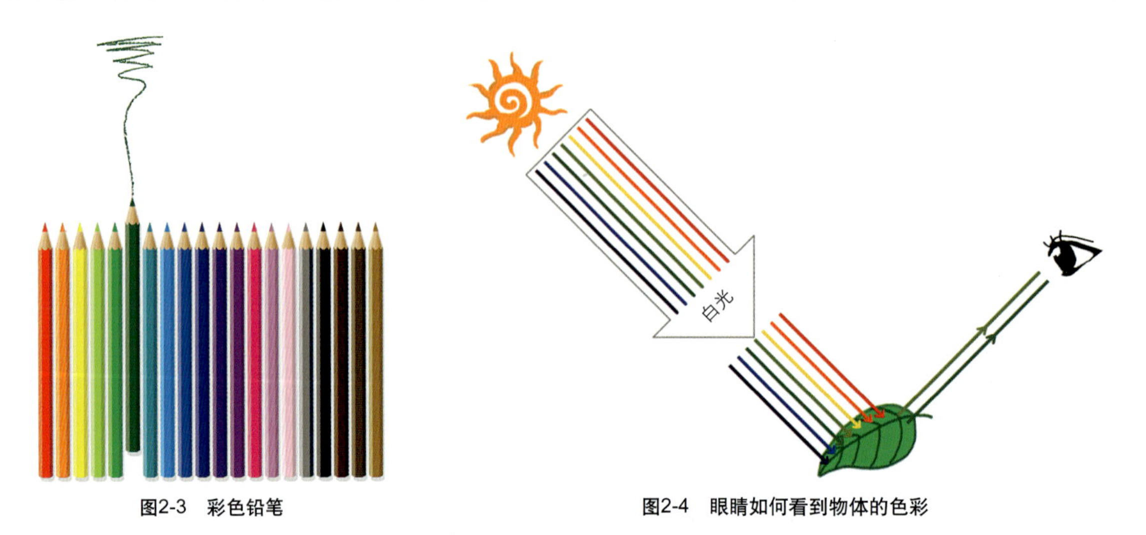

图2-3　彩色铅笔

图2-4　眼睛如何看到物体的色彩

图2-5 2008年北京奥运开幕式上的灯光

利用色彩加法混合方式在有限的固定空间里迅速营造出千变万化的氛围，以配合相应的色彩空间氛围

2.2 色彩的基本属性

色彩具有3种基本属性：色相、明度、纯度，即色彩的三要素。色彩分为有彩色和无彩色两大类，其中有彩色（红、黄、蓝、绿等）3种属性都具备，而无彩色（黑、白、灰）则只具有明度属性。

2.2.1 色相

色相即色彩的表相，是用以区分不同色彩的属性依据。决定色相的因素是光波的波长。原色是混合成其他一切色彩的原料。

将光谱两端的红和紫过渡相接，在一个环上进行循环排列，就形成色相环。最简单的色相环是伊顿设计的伊顿十二色相环（图2-6），它的优点是对色彩规律的展示非常简明直观。伊顿色相环被

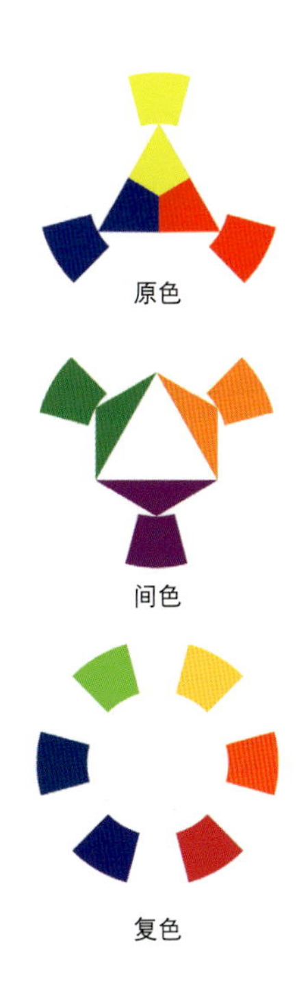

图2-6 伊顿十二色相环

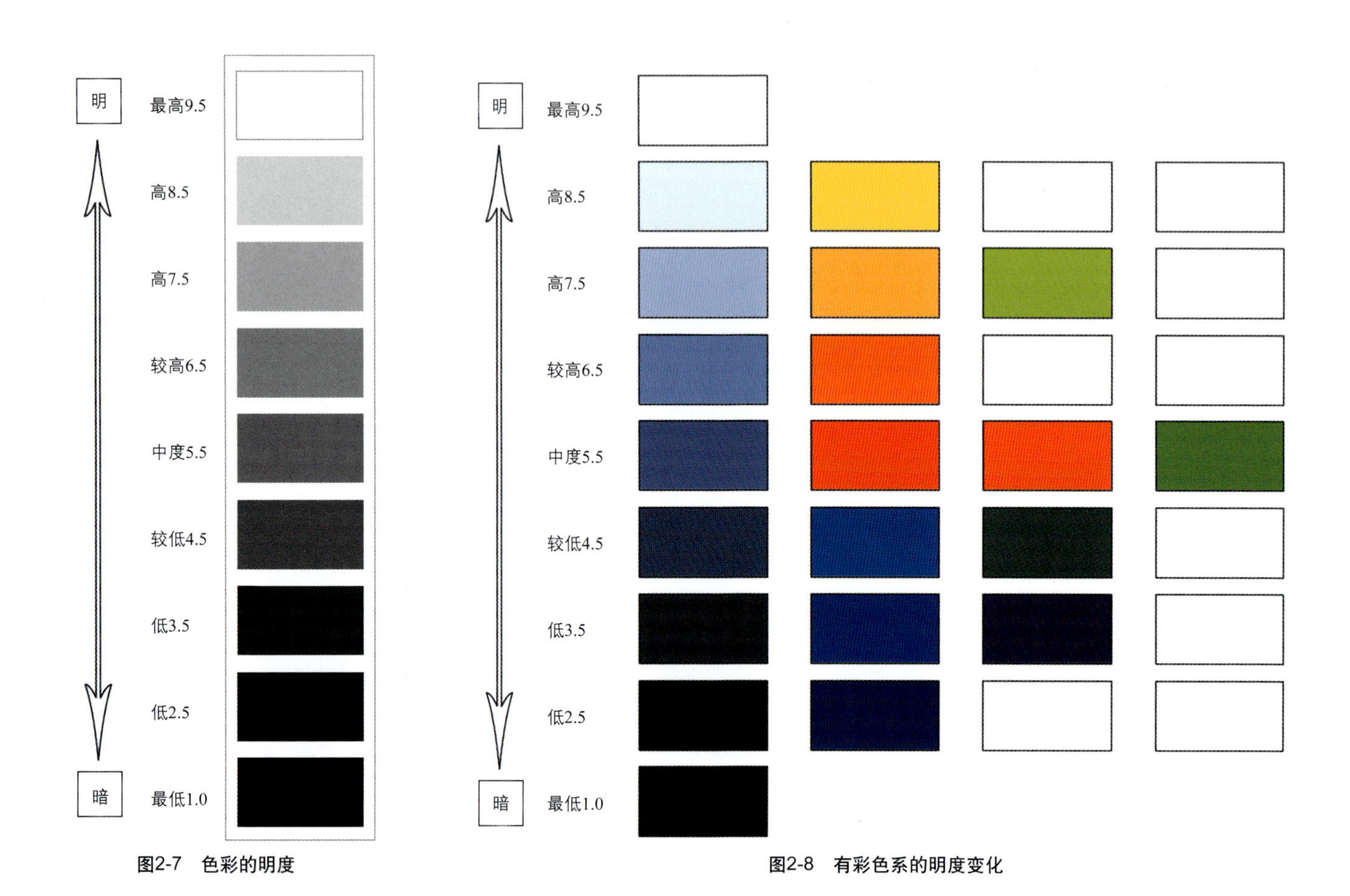

图2-7 色彩的明度

图2-8 有彩色系的明度变化

等分成12个部分。先以红黄蓝三原色为基础，等间距地填充在色相环上。再将相邻两种色彩进行等量混合，可以得到橙、紫、绿3种间色（红+黄=橙，红+蓝=紫，黄+蓝=绿）。继续混合相邻色彩得到过渡的复色，即可将色相环填充完整。

2.2.2 明度

明度即色彩的明亮程度，决定明度的因素是光波的振幅。明度有高明度、中明度和低明度之分，通常将色彩的明度从1.0～9.5分为9级，其中白色是明度最高的色彩，黑色是明度最低的色彩（图2-7）。

最直观的明度变化是无彩色系从黑到白的明度变化，有彩色系的明度变化要复杂一些。观察色相环上的纯色，黄色明度最高，红、蓝、绿的明度中等而且较为接近，湛蓝及紫色为低明度色系。同样色相的颜色也存在明度的变化，如浅蓝、深蓝等（图2-8）。

2.2.3 纯度

纯度即色彩的鲜艳度、饱和度。决定纯度的因素是光波波长的纯粹程度。太阳光透过三棱镜产生色散形成的光谱色，是纯度最高的色彩。无彩色系黑、白、灰的纯度则是0。

图2-9 加入互补色降低纯度

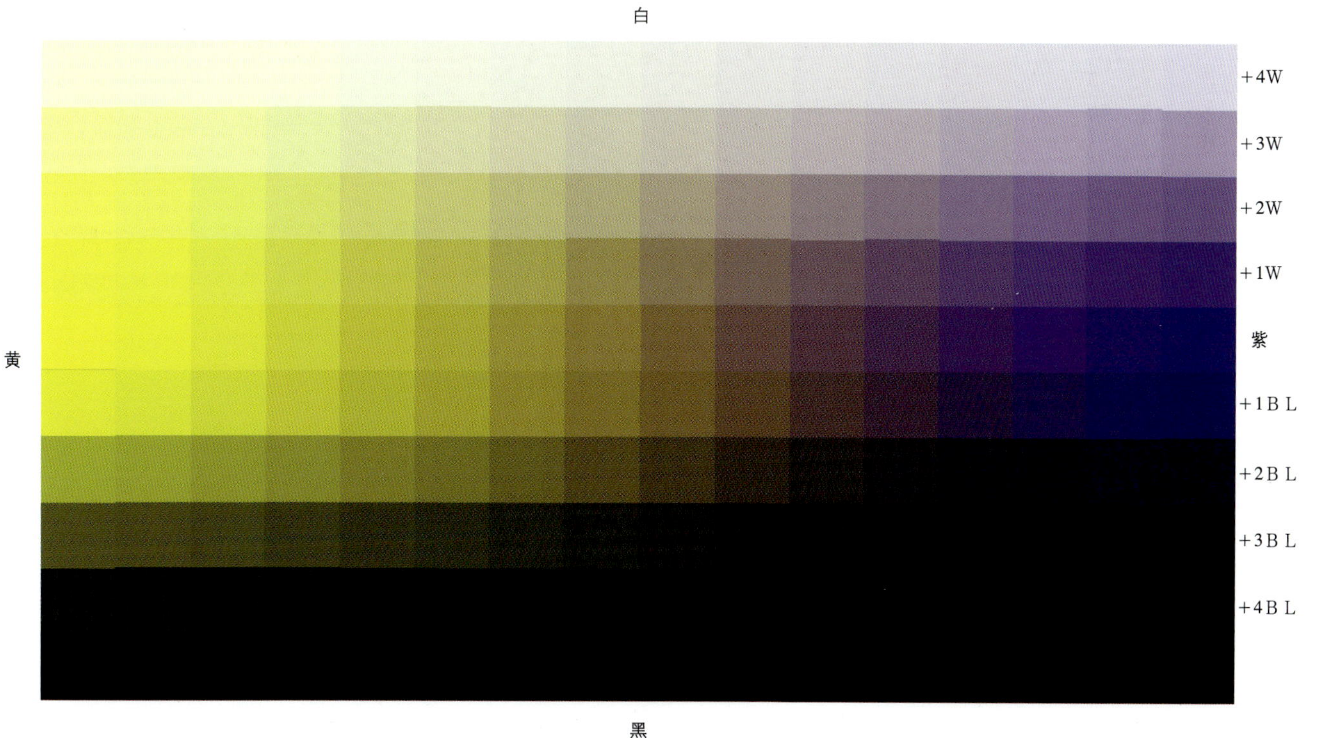

图2-10 同时改变明度和纯度

在某种色彩中加入别的色彩可以降低其纯度，加入互补色是降低色彩纯度最直接有效的方法（图2-9）。纯度和明度往往是同时发生改变的，明度的变化也能带来纯度的变化。加入白色，提高明度降低纯度；加入黑色，同时降低明度和纯度（图2-10）。

2.3 色彩之间的基本关系

2.3.1 同类色、邻近色、对比色、互补色

色环15°以内，基本无色相差别的色彩称为同类色。如柠檬黄、淡黄、中黄都以“黄”为主体色（图2-11）。

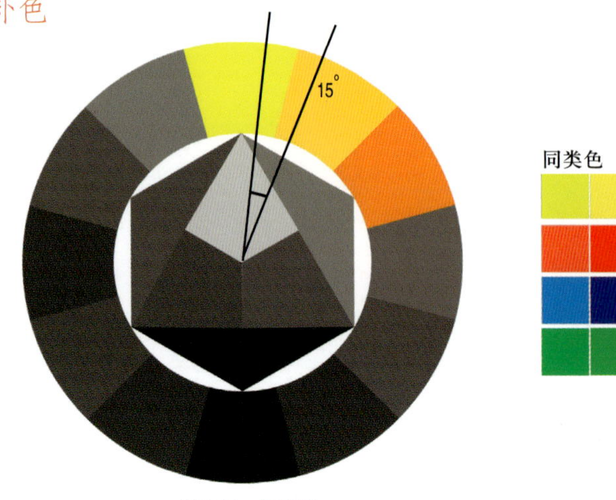

图2-11 同类色

色环中呈15°~45°的色彩称为邻近色。此部分颜色放在一起具有天然的调和感，形成流畅的过渡（图2-12）。

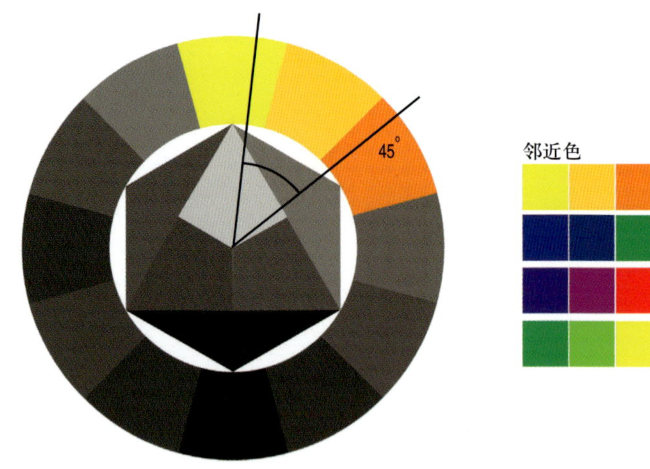

图2-12 邻近色

色环中呈120°左右的色彩称为对比色。对比色为两种可以明确区分的色彩，对比强度次于互补色（图2-13）。

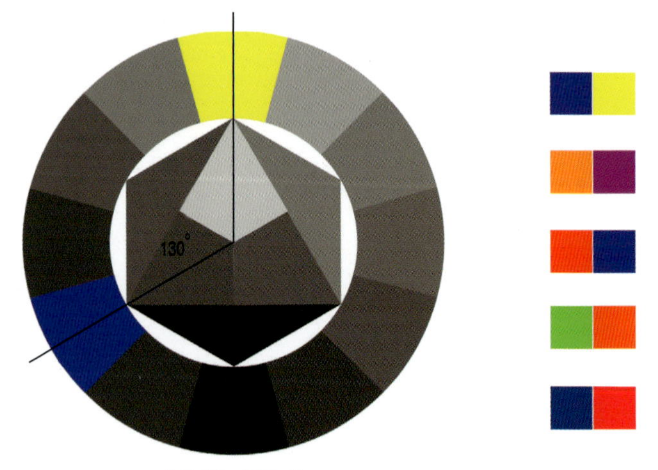

图2-13 对比色

在色相环上，呈180°左右的两种色彩称为互补色。当两种互补色放在一起时会形成视觉上的相互强化作用，提高纯度感受（图2-14）。

2.3.2 色彩的冷暖特征

色相环大致可以分成冷色和暖色两个半环。红、橙、黄等色彩令人联想到太阳、火等，从而产生灼热温暖的感觉，属于暖色调；紫、蓝、绿等色彩令人联想到夜晚、泉水等，从而产生寒冷清凉的感觉，属于冷色调（图2-15）。一般来说，暖色调亮度越高显得越暖，而冷色调亮度越高显得越冷。

色彩的冷暖是相对而不是绝对的，在定义为暖色或冷色的色彩中也有冷暖的区分。两种色彩对比能产生冷暖的相对感受。蓝

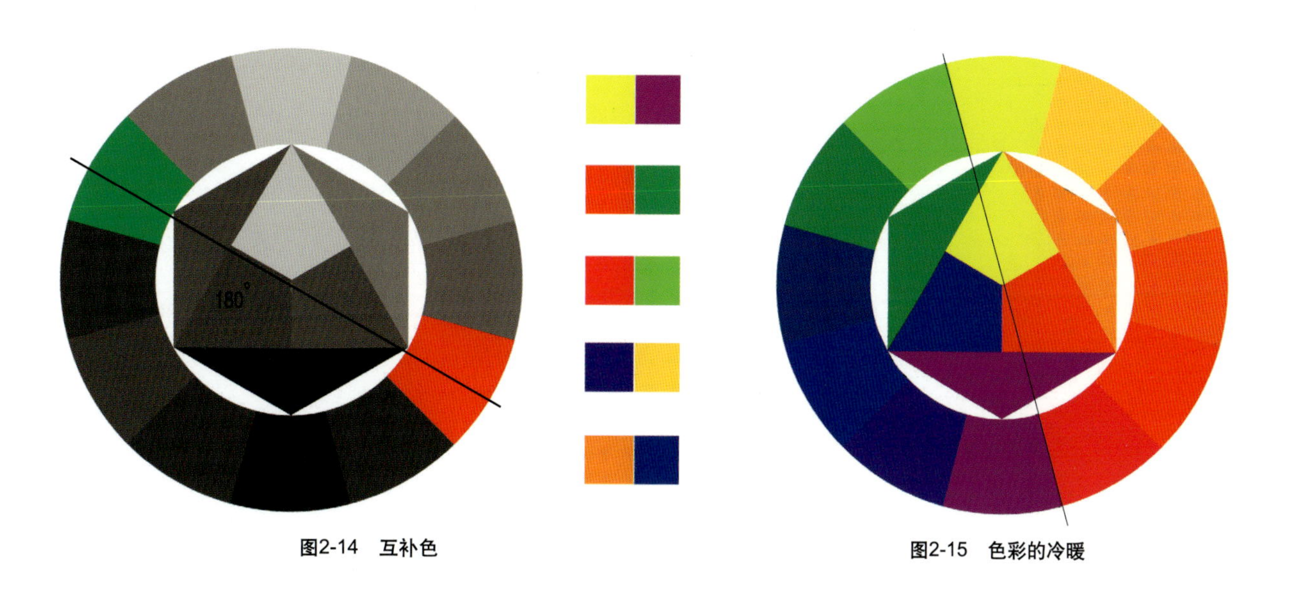

图2-14 互补色

图2-15 色彩的冷暖

色与橙色相遇，蓝色是冷而橙色是暖。当偏红的橙色与橙色相遇，橙色则变成了相对的冷色。

2.4 色彩的表示

2.4.1 色彩的命名

为了方便对色彩的表达和应用，需要对色彩进行命名。色名主要有基本色名、系统色名、自然色名和惯用色名。

基本色名　是专门的色彩词汇，如黑、白、灰、红、橙、黄、绿、蓝、紫等。这些词汇的简单组合也属于基本色名，如橙黄、蓝紫。

系统色名　是在基本色名的基础上，加入与明度和纯度有关的修饰语而获得的。如美国的ISCC-NBS色名体系就是一系列基于蒙塞尔色立体的系统色名，共有267个适用于非发光物质的标准色彩名称，如Light Grayish Red（明亮的灰调红）、Very Light Bluish Green（极明亮的蓝调绿）等。

自然色名　是使用自然景物的色彩为色彩命名的，如橄榄绿、天蓝、杏黄、象牙白、咖啡色、驼色、栗色等。这些色名大多是由古至今约定俗成的名称，十分形象。

惯用色名　则是一些常识性的色名，如大红、朱红、粉红、藏蓝、绛紫等。

2.4.2 国际色彩体系

色名虽然通俗易懂，但对色彩的表述不够精确，不能满足设计的需要。所以，需要有系统的、科学的色彩体系来表示色彩的关系，以方便设计师进行选择和应用。色彩体系是有条理放置色彩以方便查找的框架，是摆布色彩关系的有效工具。

常用的色彩体系有很多种，每种色彩体系的色立体的基本结构都相同，但各有特色。在实际应用中，可以根据实际用途选择最方便的色彩体系。

（1） 色立体

色立体的基本结构都是以色彩的三要素——色相、明度、纯度为3个维度进行表述的立体模

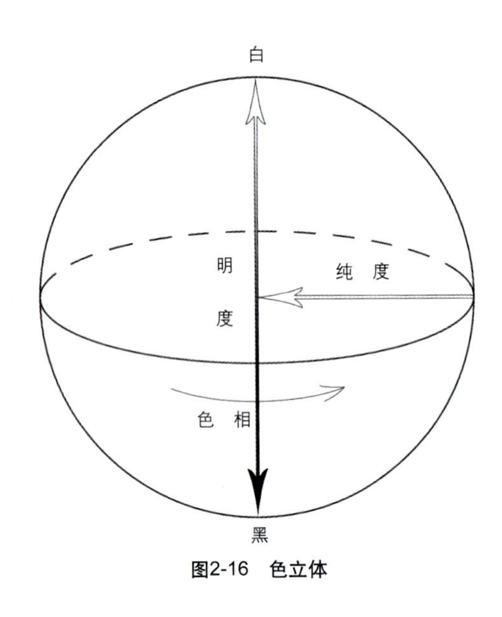

图2-16 色立体

型，可以大致想象为一个球体的结构。纵轴即中心轴垂直于色相环，顶端到底端为白至黑的明度变化。横轴为纯度变化，自内向外纯度增高。中心轴一侧的断面为等色相面（图2-16）。

（2）蒙塞尔色彩体系

蒙塞尔色彩体系为1905年美国色彩学家艾尔伯特·蒙塞尔创立的色彩系统。后经几度修订，美国光学测色学会于1943年发布“修正蒙塞尔色彩体系”，这一色彩体系强调色彩三要素的表达以及色彩的视觉特征和心理逻辑。

蒙塞尔色相环以红（R）、黄（Y）、绿（G）、蓝（B）、紫（P）5种色彩为基本色相，相邻两色之间再分别插入黄红（YR）、黄绿（GY）、蓝绿（BG）、蓝紫（PB）、红紫（RP），共同构成10种主要色相。再把这10种主要色相各自划分10个等分度，形成有100个刻度的色相环。实际使用时色标选取各色相的2.5，5，7.5，10来表示，这样就形成了40色相环（图2-17）。

蒙塞尔色立体的明度共11级，去掉0级的黑和10级的白（因为实际中不存在纯粹的黑与白），将中心轴分为9级色阶，以N1，N2，…，N9表示。

蒙塞尔色彩体系对有彩色系的各种色彩都用HV/C表示色相·明度/纯度。如10种主要色相的表示方法分别为：5R4/14，5YR6/12，5Y8/12，5GY8/10，5G6/10，5BG5/8，5B5/8，5PB4/12，5P4/10，5RP4/12。由于纯色的明度不同，所分的明度阶也不同，于是色立体呈开放的不对称状（图2-18）。

（3）奥斯特瓦尔德色彩体系

1921年，曾获1909年诺贝尔化学奖的德国物理化学家奥斯特瓦尔德出版了《奥斯特瓦尔德色谱》。这一色彩体系以物理科学为依据，在配色方面有很强的实用性。

奥斯特瓦尔德色相环在红黄蓝三原色的基础上增加了绿色，采用4种原色：黄

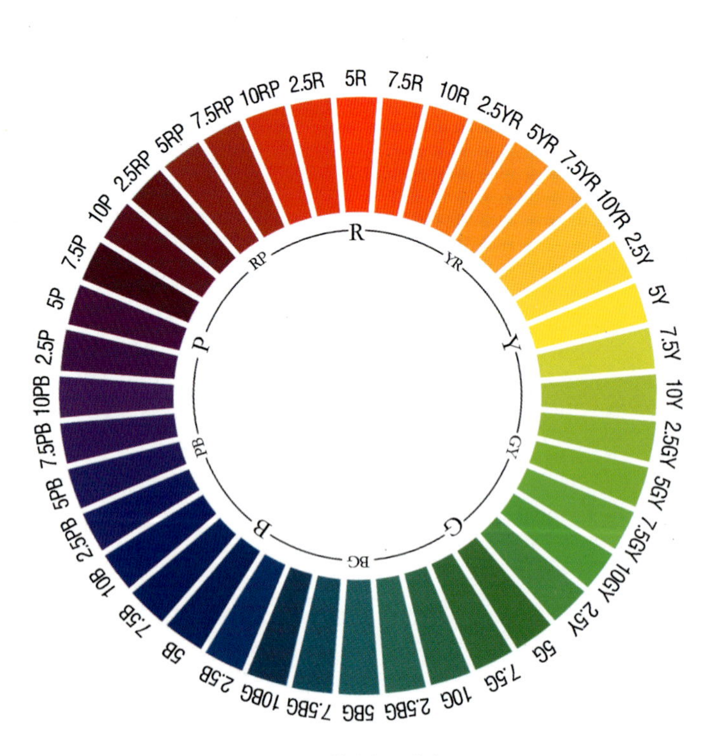

图2-17 蒙塞尔40色相环

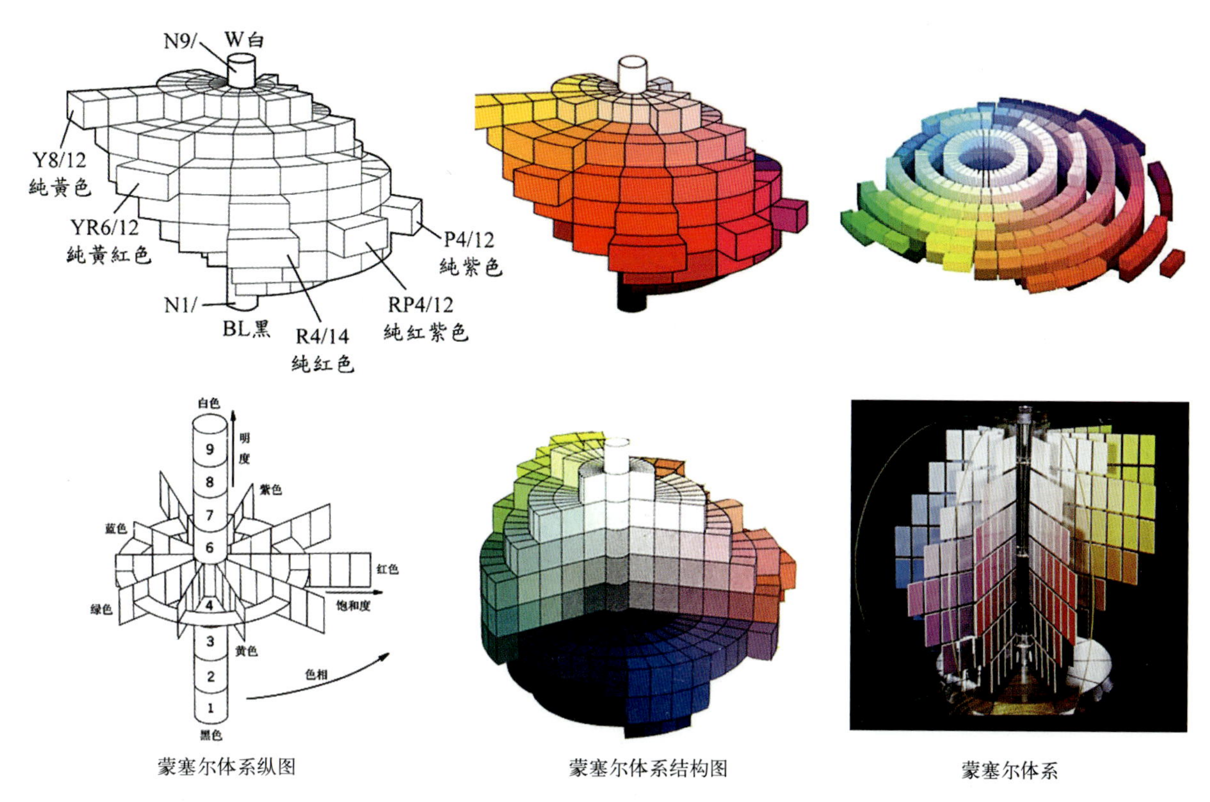

蒙塞尔体系纵图　　蒙塞尔体系结构图　　蒙塞尔体系

图2-18　蒙塞尔色彩体系

（Y）、红（R）、群蓝（UB）、海绿（SG）。再依次在相邻两种原色当中插入橙（O）、紫（P）、青绿（T）、叶绿（LG），得到8种主要色相。在这8种主要色相之间三等分，就得到24色相环（图2-19）。

奥斯特瓦尔德色立体的明度分为8级，从明到暗分别标记为a，c，e，g，i，l，n，p。

色彩的表示方法为色相号/含白量/含黑量（纯色量+含白量+含黑量=100）。每个等色相面都为一个等边三角形，每条边都被8等分，共有28个色区（图2-20上）。

奥斯特瓦尔德色立体是对称的，呈复圆锥体（图2-20下）。它的不足在于，等

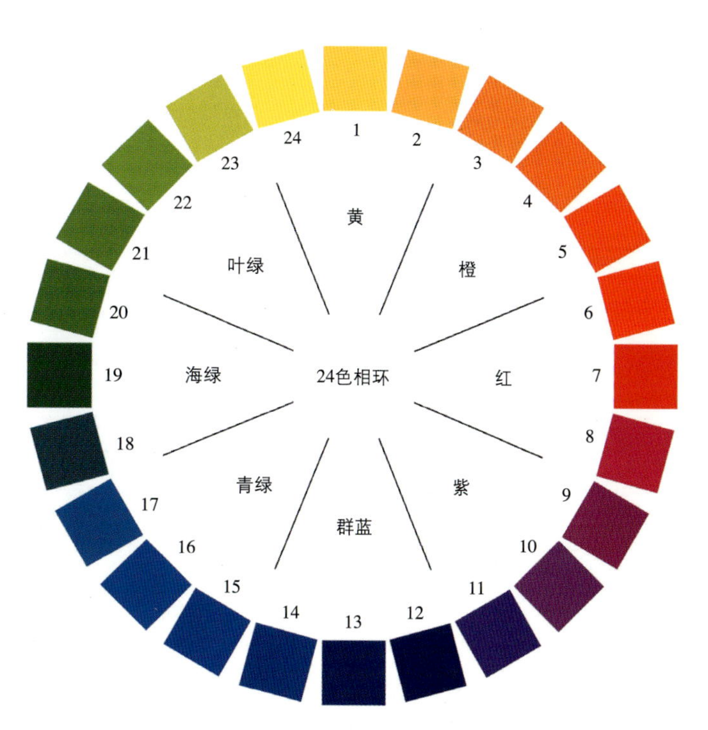

图2-19　奥斯特瓦尔德24色相环

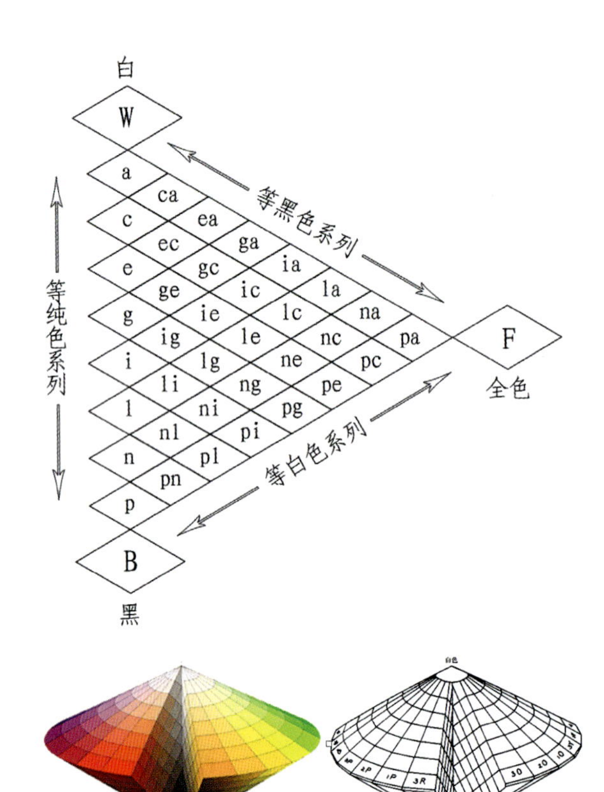

图2-20　奥斯特瓦尔德色彩体系

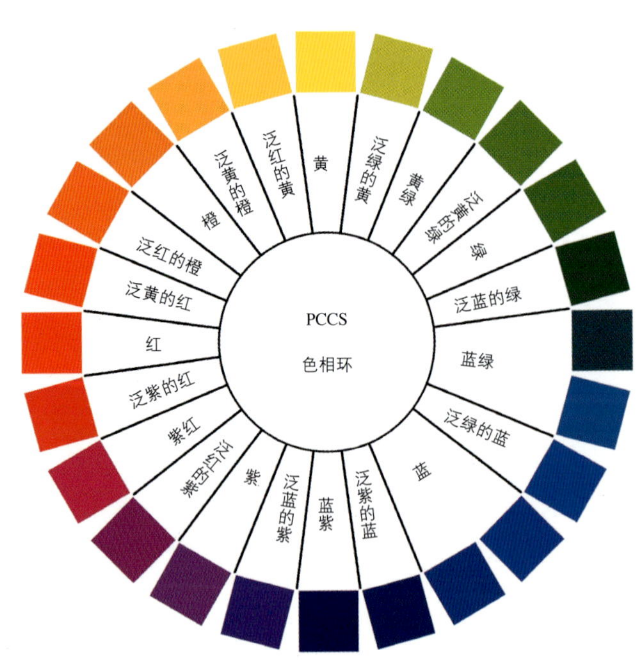

图2-21　PCCS 24色相环

边色三角形的建立限制了体系中色彩的数量，不像蒙塞尔体系是开放的。

（4）PCCS色彩体系

PCCS色彩体系是日本色彩研究所1964年发表的色彩设计应用体系，综合了蒙塞尔体系和奥斯特瓦尔德体系的优点，研究重点是色立体的应用价值，是专业的色立体配色工具，在设计中使用相当广泛。

PCCS色相环类似于奥斯特瓦德色相环，使用红黄绿蓝四原色，构成24色相环（图2-21）。

PCCS色立体的垂直明度分为N1.0，N1.8，N2.4，…，N9.5共17级，纯度则类似于蒙塞尔色立体，分为9级，用1S，2S，…，9S表示，最纯的色彩为最高纯度9S（图2-22）。

在PCCS色彩系统中，明度和纯度结合表示色调。

其中无彩色有5个色调：白（W）、浅灰（ltGy）、中灰（mGy）、暗灰（dkGy）、黑（Bk）；有彩色则有12个色调：鲜艳色调（v）、明亮色调（b）、强烈色调（s）、深色调（dp）、浅色调（lt）、轻柔色调（sf）、浊色调（d）、暗色调（dk）、淡色调（p）、浅灰色调（ltg）、灰色调（g）、暗灰色调（dkg）（图2-23）。按照色调分类的色彩很容易根据联想感觉进行辨别与使用，需要获得某种联想感觉，需到对应的区域去寻找合适的色彩。

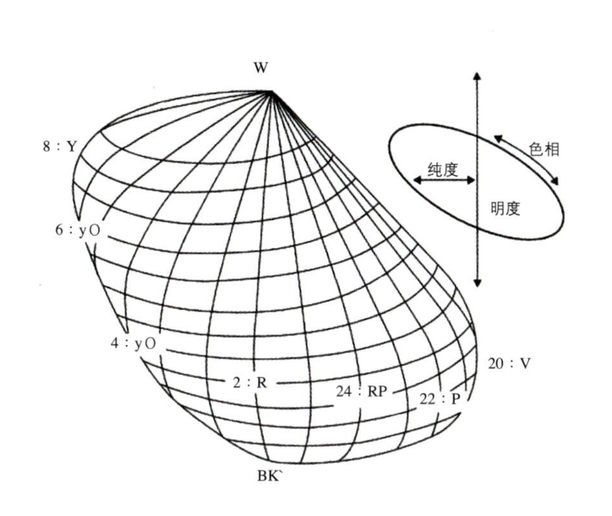

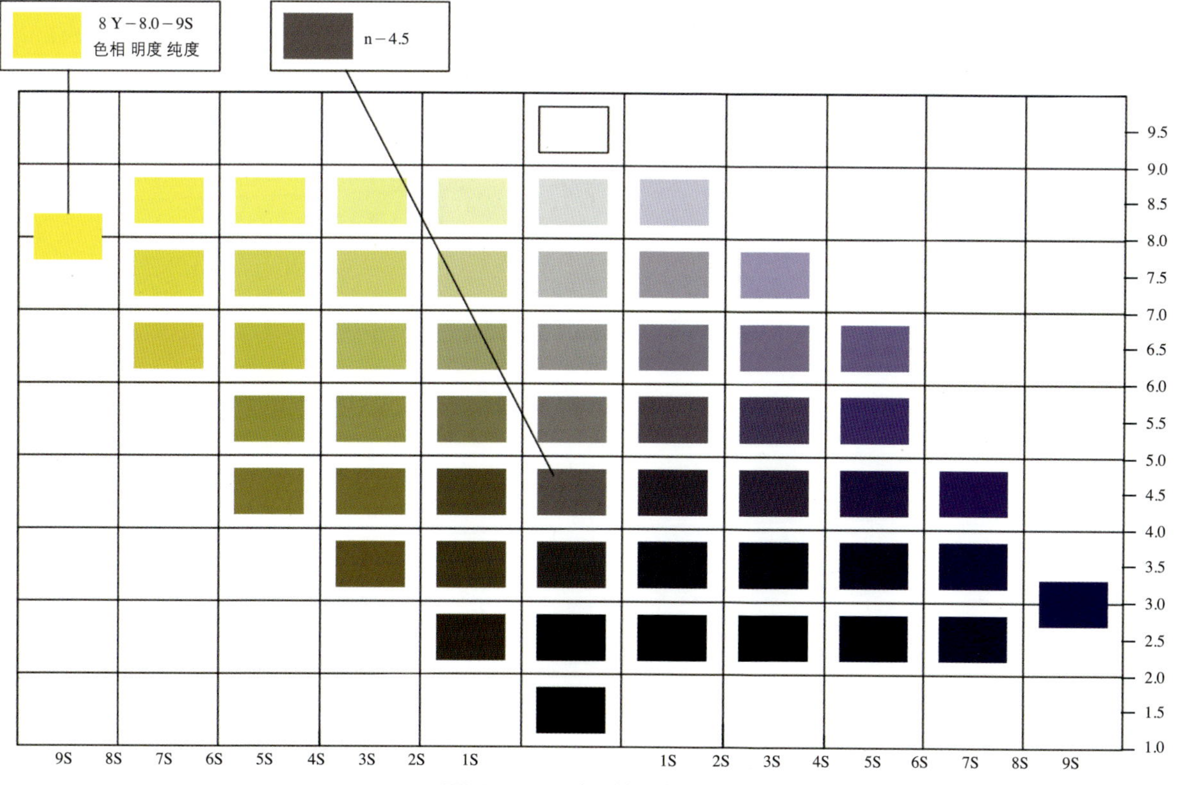

图2-22 PCCS色立体及等色相面

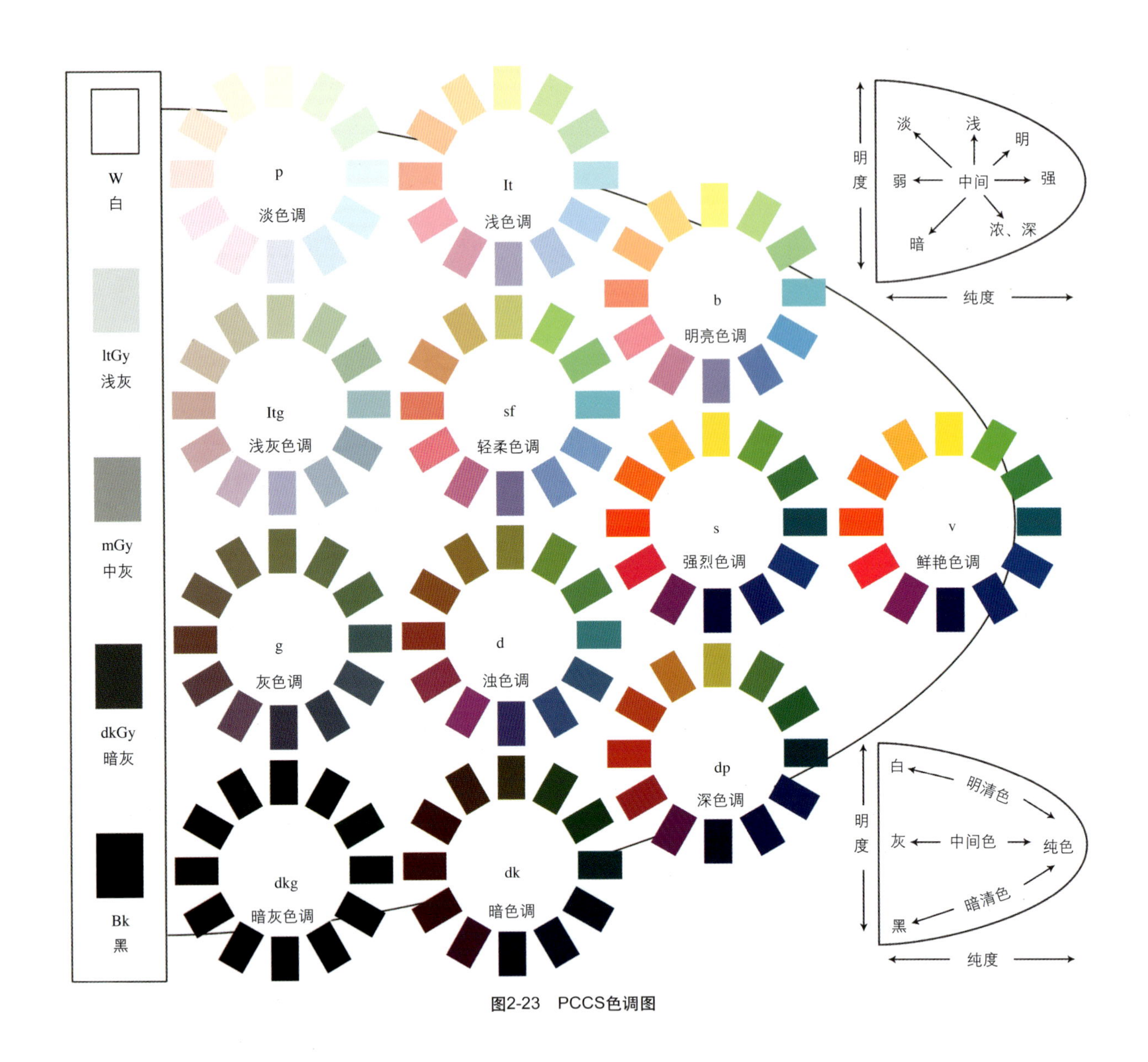

图2-23　PCCS色调图

2.5　色彩属性实验

2.5.1　实验1：色彩拼贴

目的　走出简单概念的色彩认知习惯，感受丰富微妙的色彩，理解色域的宽广和色阶的微妙。

方法　制作色卡，或者寻找其他印刷色纸，拼贴红、黄、蓝、黑、白5种色系的主题图形。

要求　时间为1周；以抽象简洁的方式排列单一色相，贴在35cm×35cm的黑卡纸上（图2-24至图2-26）。

图2-24 色彩拼贴示例（1）（学生作品）

图2-25　色彩拼贴示例（2）（学生作品）

图2-26 色彩拼贴示例（3）
（学生作品）

2.5.2 实验2：分别以色相、明度、纯度的渐变关系进行色彩创作

目的　通过水粉颜料的调色，理解色相、明度及纯度之间的推移渐变关系。结合平面构成的知识进行色彩的主题创作。

方法　根据色相环的渐变关系、明度的层次关系改变纯度递进关系的方法等进行调色和配置（图2-27至图2-31）。

要求　渐变关系要明确，如以色相为主或以明度为主，或以纯度为主的色彩关系，色相、明度、纯度的推移渐变关系明确、清晰，图形要求简洁而生动。最终作品贴在35cm×35cm黑色卡纸上。

图2-27　色相渐变示例（1）（学生作品）

图2-28 色相渐变示例（2）（学生作品）

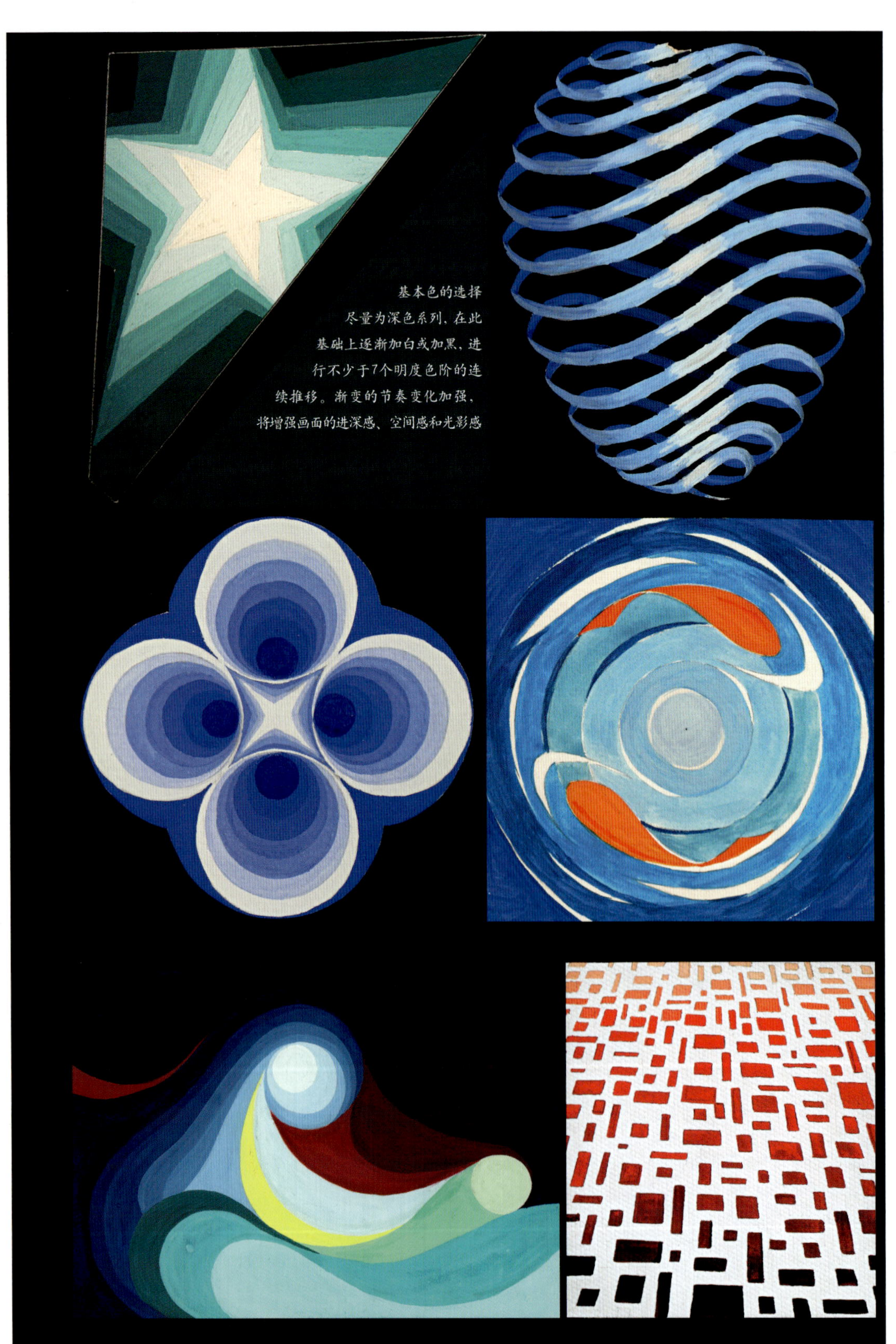

图2-29 明度渐变示例（1）
（学生作品）

图2-30　明度渐变示例（2）（学生作品）

图2-31 纯度渐变（学生作品）

纯度的改变方法较为丰富，可采用逐渐加黑或加白的方法来改变纯度关系（基本色明度改变，纯度也随之改变，低明度比高明度显得纯度更低），或可逐渐加灰色（灰色一般要求比基本色高或低两个明度差），也可与补色逐渐相加等。纯度渐变给人丰富、生动、主次分明的视觉感受。

2.5.3　实验3：利用色相、明度、纯度的渐变关系进行综合的色彩创作（图2-32）

在以色彩属性的渐变关系进行的综合创作中，特别需要注意的是画面以何种渐变关系为主，何种渐变关系为辅，何种渐变关系为点缀。同时注意画面的主次和虚实关系。

图2-32　以色彩属性的渐变关系进行的综合创作（学生作品）

2.5.4 实验4：创作过程的借鉴（图2-33）

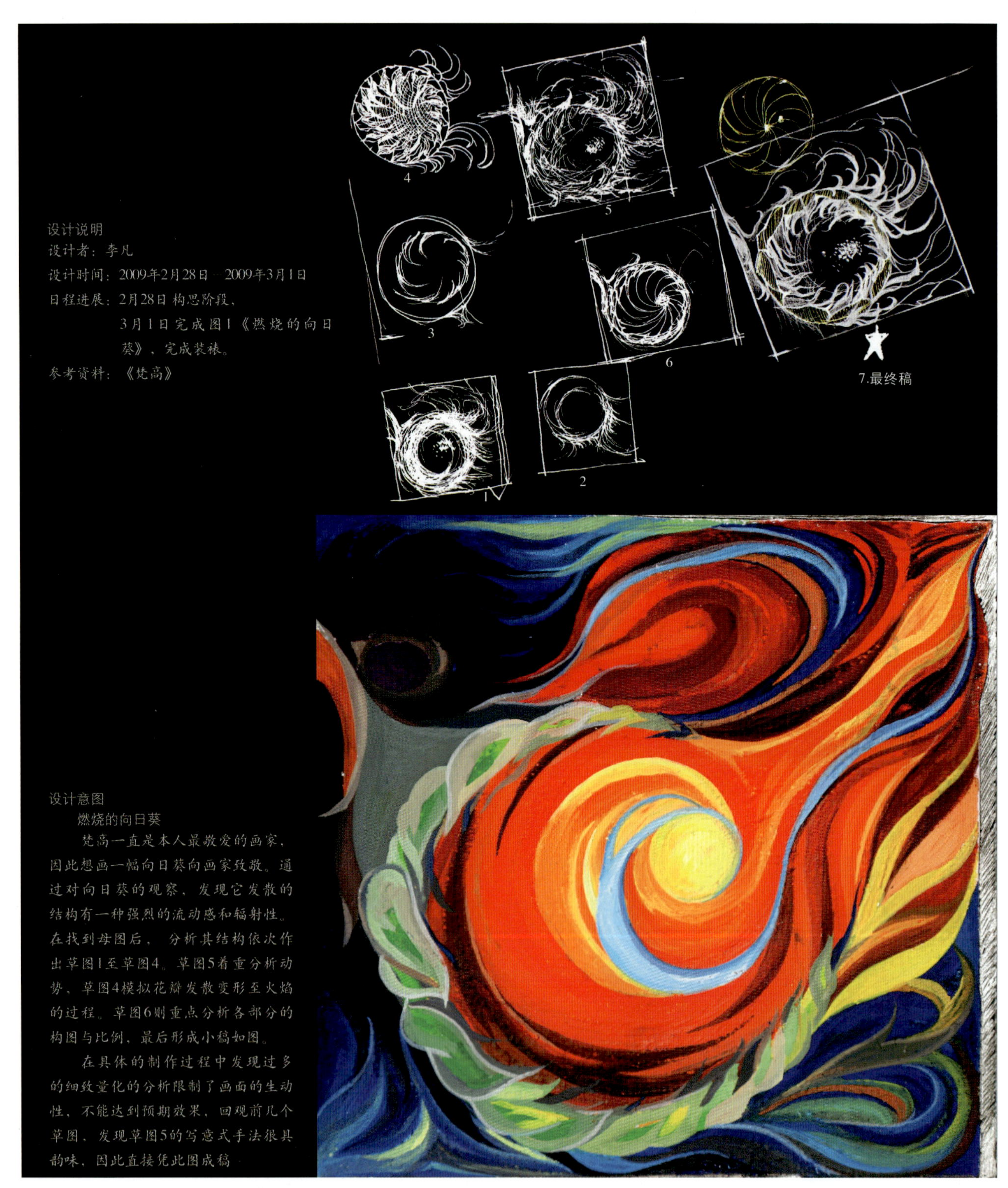

图2-33 创作过程的借鉴（学生作品）

第3章　色彩对比

- 色相对比
- 明度对比
- 纯度对比
- 同时对比和继时对比
- 面积对比与位置对比
- 形状对比与肌理对比
- 色彩对比关系实验

对比即存在差异，因为生活中的各类物像间总是存在着色彩差异。色彩对比的目的，是为了达成一项共同的表现目的，通过色彩差异的组织和构成，去寻求视觉上的统一与变化，最终达到生动而和谐的视觉效果。

色彩对比可以通过不同的途径实现。在本章中，主要通过色彩三属性的对比即色相对比、明度对比和纯度对比的分析，来理解色彩的相互关系，并认识色彩对比的形式规律。同时，用对应的风景园林图片对色彩对比关系进行进一步分析，以便与专业的视觉关系结合得更为紧密。最后，还将探索限定色彩介质的色彩对比——同时对比与连续对比、面积对比与位置对比、形状对比与肌理对比，以进一步解释人类视觉在色彩感受方面的生理和心理平衡的本能。

3.1 色相对比

因色相的差别而形成的色彩对比，称为色相对比。

我们知道，色相的差别是由于产生色彩的可见光的波长不同。但确定色相的差别程度不能完全根据波长的差别，而且也不直观不方便。通常借助色相环来寻找色彩的对比关系，色相对比的强弱程度与形成对比的色彩在色相环上的角度、距离有关（图3-1）。

据此，有4种主要的色相对比：同类色相对比、邻近色相对比、对比色相对比和互补色相对比。

3.1.1 同类色相对比

同类色相对比是指色相距离在色相环上15°以内的基本无色相差的对比，是色相对比中最弱的对比，如柠檬黄、淡黄、中黄和土黄等属于黄色系；黄橙色、橙色和红橙色等属于橙色系；朱红、大红、洋红和玫瑰红等属于红色系；紫罗兰、青莲和紫色等属于紫色系；湖蓝、孔雀蓝、钴蓝、普蓝和湛蓝等属于蓝色系；孔雀绿、翠绿、墨绿、橄榄绿和草绿等属于绿色系等（图3-2）。要让同

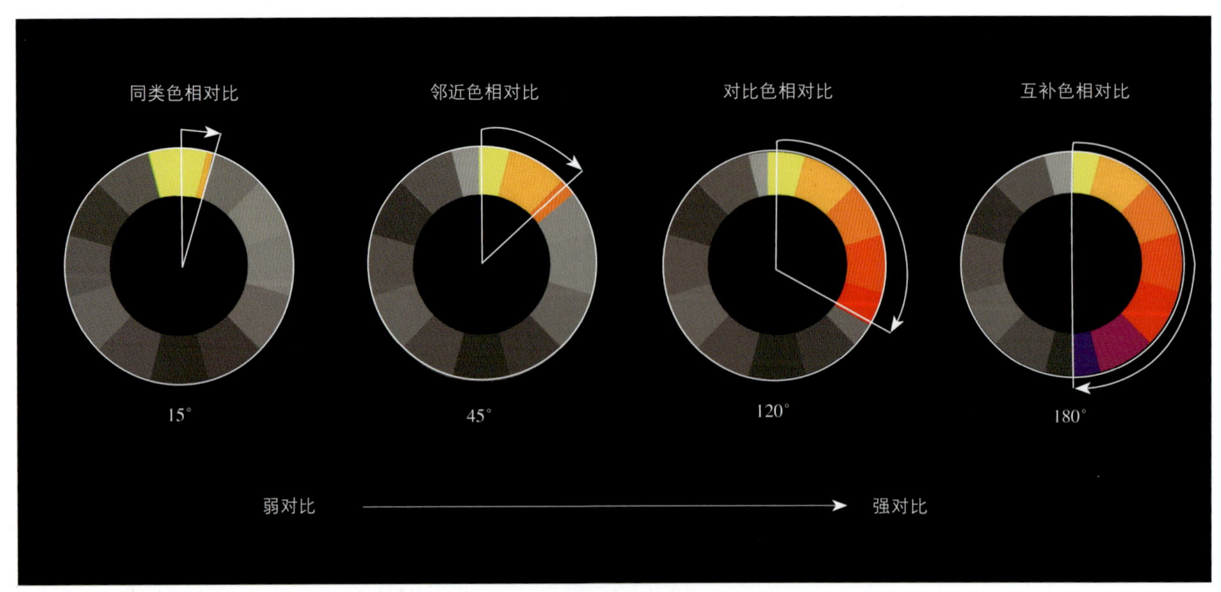

图3-1　形成对比的色彩在色相环上的距离远近决定色相对比强弱

图3-2 同类色相的辨别

类色相产生对比，需要改变色彩的明度和纯度。

自然风光景象但凡以同一种色系出现，由于色相倾向鲜明统一，因此，具有很强的情感渲染力（图3-3）。可以尝试以黄色系、橙色系、红色系、紫色系、蓝色系和绿色系等的自然物象或风光景象为例，从中抽象出色彩的色相和比例关系，从而转化到简单的抽象图形中，由人们的视觉惯性和联想力，从而引起相关的色彩情感，再将这种情感与相应的绘画艺术或者设计进行论证和分析（图3-4），从而把相关的配色原理转换到具有同样目标的设计项目中。在配色的原理中需注意明

图3-3 同类色相对比关系的自然风景

图3-4　同类色相对比关系的设计作品

度和纯度的搭配比例，过分强烈的纯色会令人感到单调和乏味。

当人们观察绿色系的自然物象或风光景象（如绿色的叶脉、森林、草原等）时，不同的绿色系组合会给人以清新、生命的持续、舒心、希望等心理感受。而从中抽象色相及比例关系转化到简单的抽象图形中时（图3-5），抽象的同类色构成会让人们联想到大自然中的美丽，这是一种令人放松、解除疲劳的色彩，它宛如新生的嫩芽，象征着生命的和平与安全。对这种联想与相关色彩关系的优秀案例进行分析比较，会带来色彩配色的启示。

同类色的渲染力量，就如一提起梵高，即想到他的《向日葵》，那样纯粹、有力。但处理不当也容易显得单调无力，要注意明度、纯度的差别对比和色彩比例的合理控制。

3.1.2　邻近色相对比

邻近色相对比是色相距离在色相环上15°～45°的色彩对比，与同类色相相比，它能保持鲜明的色相倾向与统一，且色调的冷暖特征及感情效果也较明确，或是暖色调，或是冷色调。如从淡黄、黄橙到橙色，从橙色、红橙到朱红，从大红、洋红到紫色，从紫色、青莲到蔚蓝，从钴蓝、湖蓝到绿色，从翠绿、草绿到柠檬黄等都属于邻近色系（图3-6）。

在翻阅美丽的自然风光图片时，会发现具有邻近色相对比关系的图片，其色相感要比同类色相

图3-5　将抽象自然景象的同类色相对比关系转换到抽象图案（学生作品）

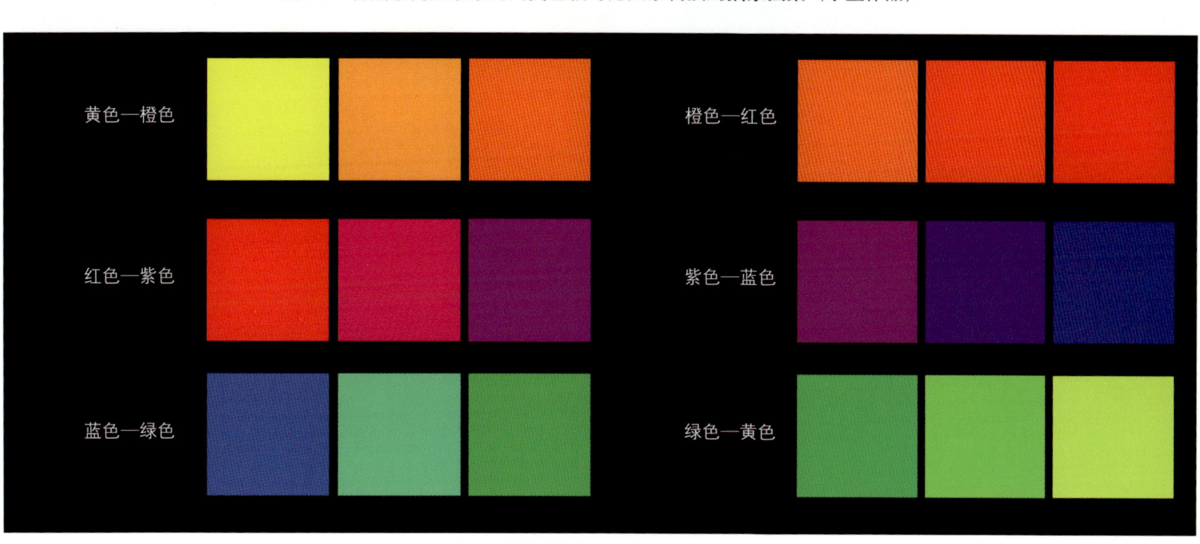

图3-6　邻近色相的辨别

图3-7　邻近色相对比的自然风景

图3-8　将抽象自然景象的邻近色相对比关系转换到抽象图案（学生作品）

对比更丰富、活泼、滋润和调和，但无法保持同类色相对比那种协调、单纯的特点，而是在统一中形成生动的对比关系，和谐且生动（图3-7）。可以尝试以各种邻近色相对比关系的自然物象或风光景象为例，从中抽象出色彩的色相和比例关系，从而转化到简单的抽象图形中。当观看抽象的图形时，会发现这种色彩的搭配关系再现了被抽象图片的色彩情感，以蓝绿调的邻近色相对比和黄绿调的邻近色相对比为例（图3-8），将这种情感与相应的绘画艺术或者设计进行论证和分析（图3-9），从而熟练地将邻近色相的配色原理转换到具有同样目标的设计项目中。在配色过程中需注意主次关系，分清基调色、主题色和过渡色的层次关系和比例关系。

图3-9　邻近色相对比的绘画艺术与风景园林设计

3.1.3 对比色相对比

对比色相对比是色相距离在色相环上120°左右的色彩的对比。对比色相对比要比邻近色相对比感觉鲜明、强烈、饱满、丰富，更容易使人兴奋。如黄与红，红与蓝，蓝与黄，橙与紫，紫与绿，蓝紫与黄绿等（图3-10），在对比中需注意过渡色的搭配。

当人们欣赏具有对比色相对比关系的自然风光图片时，会感觉很耀眼，这是由于色相的对比性加大，刺激性加强，容易造成视觉的疲劳，除非我们的视角有意识地调整视野中的色彩比

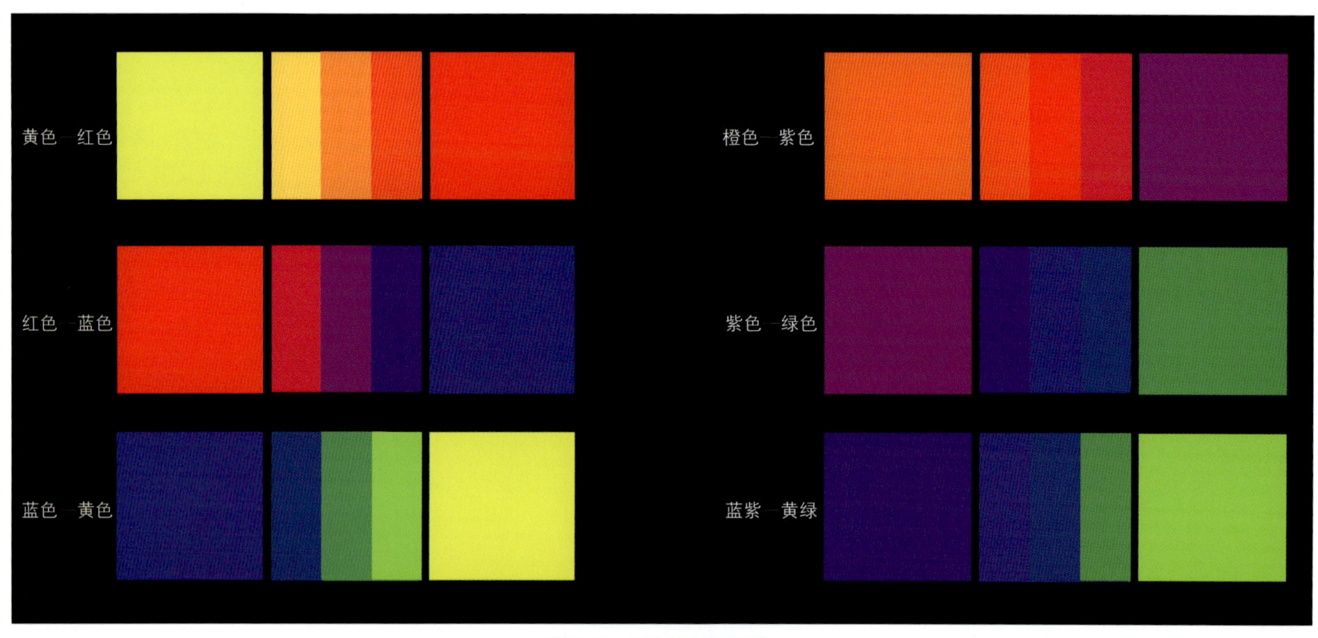

图3-10 对比色相的辨别

图3-11 对比色相对比的自然风景

图3-12 将抽象自然景象的对比色相对比关系转换到抽象图案（学生作品）

例关系，或戴上墨镜以缓解视觉的刺激等。但这种强烈的对比关系，容易给人留下深刻的视觉印象，在很多优秀的风景摄影作品中很容易发现这种规律。因此，处理好构图的色相对比的面积比例关系是至关重要的（图3-11）。我们可以尝试以具有对比色相对比关系的风光景象或自然物象为例，从中抽象出色彩的色相和比例关系，从而转化到简单的抽象图形中，当我们观看抽象的图形时，会发现这种色彩的搭配关系再现了被抽象图片的色彩情感。以蓝与黄的对比关系为例（图3-12），将这种情感与相应的绘画艺术或者设计进行论证和分析（图3-13），从而熟练地将对比色相的配色原理转换到具有同样目标的设计项目中。在配色原理中一般可通过改变其中色彩的明度和纯度、强化主要色调、调整面积比例等方法协调色彩的对比关系。

图3-13　对比色相对比的绘画艺术与风景园林设计

3.1.4 互补色相对比

互补色相对比是色相距离在色相环上180° 左右的色彩的对比，是色相对比中最强的对比关系。互补色相的对比关系比对比色相的对比更完整、丰富、强烈，更富有刺激性。如黄与紫，红与绿，蓝与橙，黄橙色与紫蓝色，橙红色与蓝绿色，红紫色与绿黄色等（图3-14）。

当人们欣赏具有互补色相对比关系的自然风光图片时，会跟具有对比色相关系的自然风光的感受近似，而且会显得更为强烈，更为耀眼，有时会略显单调，有种原始、幼稚、纯朴的乡土气息，但若色相的面积比例不当容易产生粗俗生硬、动荡不安等消极效果（图3-15）。可以尝试以具有互

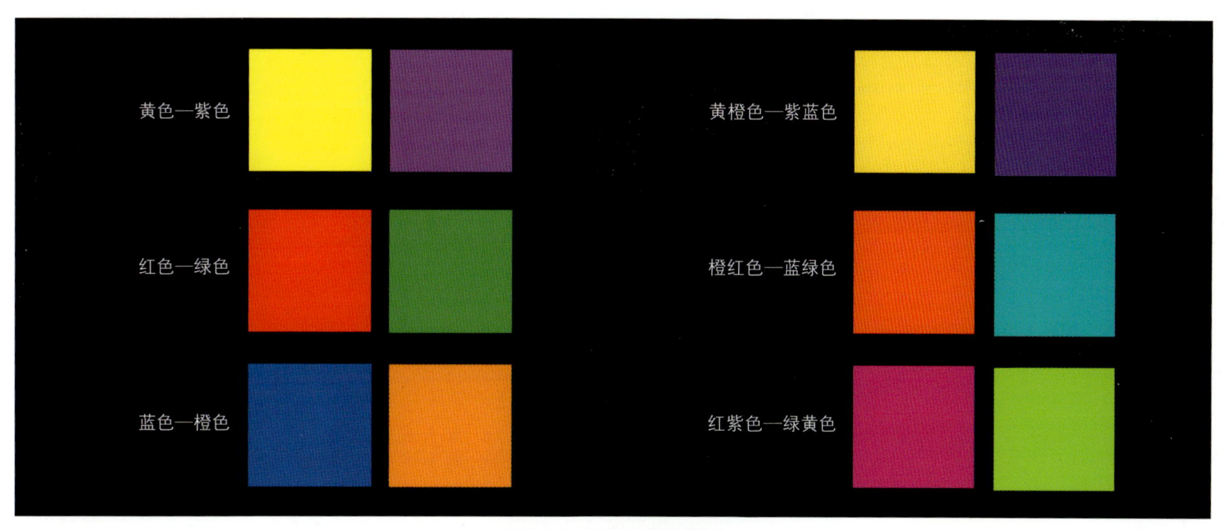

图3-14 互补色相的辨别

图3-15 互补色相对比关系的自然风景

补色相对比关系的风光景象或自然物象为例，从中抽象出色彩的色相和比例关系，再转化到简单的抽象图形中。当观看抽象的图形时，会发现这种色彩的搭配关系再现了被抽象图片的色彩情感。以红与绿、紫与绿黄的对比关系为例（图3-16），将这种情感与相应的绘画艺术或者设计进行论证和分析（图3-17），从而熟练地将对比色的配色原理转换到具有同样目标的设计项目中。在配色原理中要将互补色相组织搭配得舒适，必须采用综合调整色彩的明度、纯度以及面积比例的关系，或借助无彩色的缓冲协调等方法，达到色调的和谐统一（具体可参见色彩调和的技法）。

图3-16　将抽象自然景象的互补色相对比关系转换到抽象图案（学生作品）

图3-17　互补色相对比的绘画艺术与风景园林设计

3.2　明度对比

由于光的作用，同样色相的色彩将呈现出不同的深浅变化，形成色彩的明暗差异。色彩构成中将这种明度差别形成的对比，称为明度对比。

明度对比通常分为9级，1.0度明度最低，9.5度明度最高。根据明度高低可将色彩分为3类：1.0～3.5度的色彩称为低明度，4.5～6.5度的色彩称为中明度，7.5～9.5度的色彩称为高明度（图3-18）。色彩之间明度差别的大小决定明度对比的强弱。3度差以内的对比称为短调对比，是最弱的明度对比；3～5度差的对比称为中调对比；5度差以上的对比称为长调对比，是最强烈的明度对比（图3-19）。

在明度构成中，分别以高明度、中明度、低明度为主基调色时，再分别组织成短调对比关系、中调对比关系、长调对比关系，由此将形成10种明度对比关系。大体划分为：高短调、高中调、高长调、中短调、中中调、中长调、低短调、低中调、低长调、最长调（图3-20），对设计色彩的应用而言，明度对比是决定配色的光感、明快感、清晰感以及心理作用的关键。

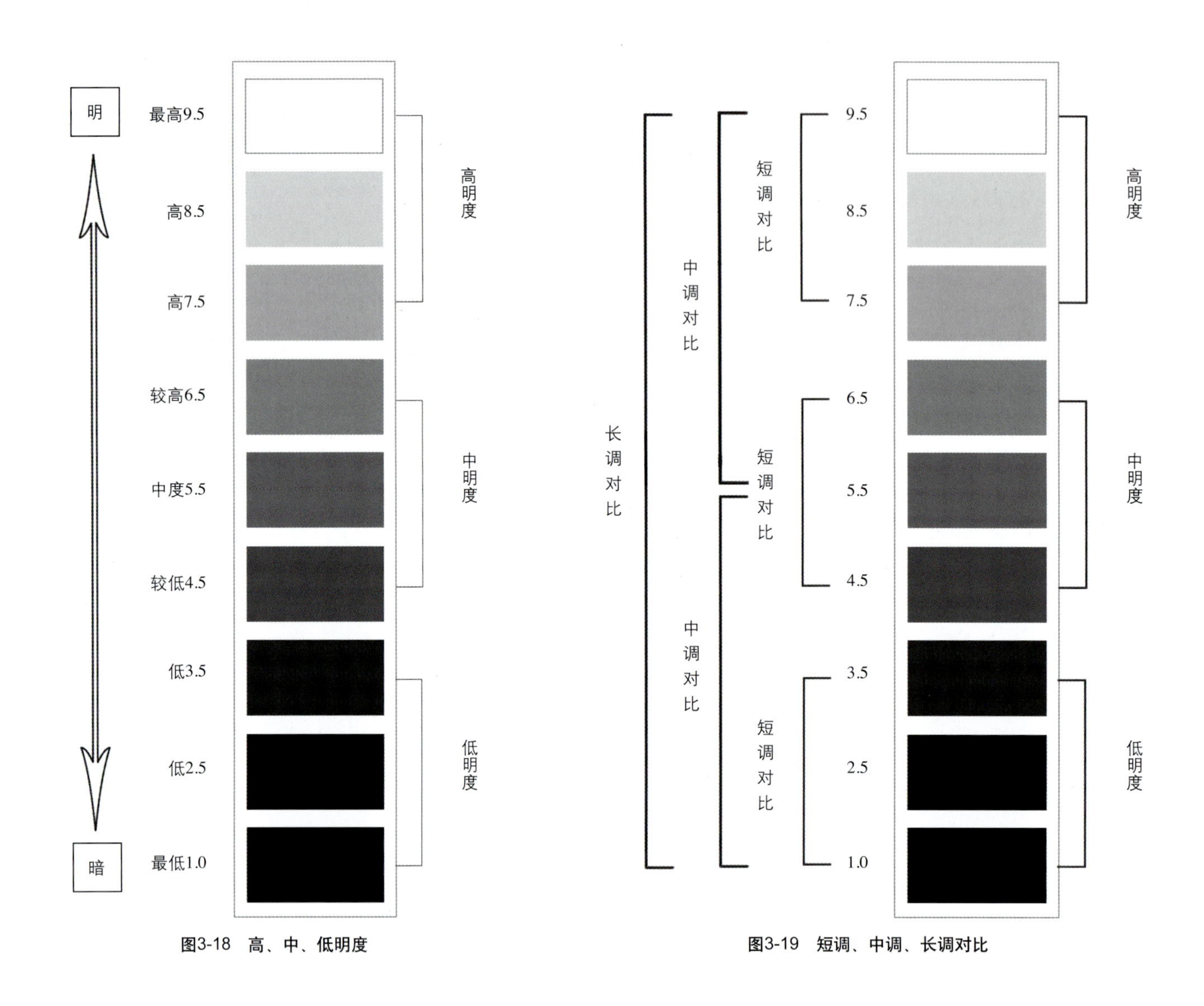

图3-18　高、中、低明度

图3-19　短调、中调、长调对比

3.2.1　高短调

主色调为高明度，明度差在3度以内的明度对比，称为高短调（图3-21上，图3-22上）。

高短调的明度关系在大自然中随处可见，如有大雾天气的自然风光，有薄云的天空等，有如隔纱望月、雾里看花般明亮、朦胧和柔和。将自然中观察到的明度关系转化到简单的图形构成中，这种微弱的高明度对比关系，可以给人朦胧的、柔和的、优雅的、女性化的视觉感受。即使在大量的实际案例中也不难发现相关格调的设计案例，由于高短调需要一定的空间限定才能充分地表现出来，所以在室内实际的作品中能比较充分地展现。

3.2.2　高中调

主色调为高明度，明度差在3～5度的明度对比，称为高中调（图3-21中，图3-22中）。

高中调的明度关系在大自然中也随处可见，如晴朗天空下的白云，大雪皑皑的自然景观等，清新、响亮和明快。将自然中观察到的明度关系转化到简单的图形构成中，这种强度适中的高明度对

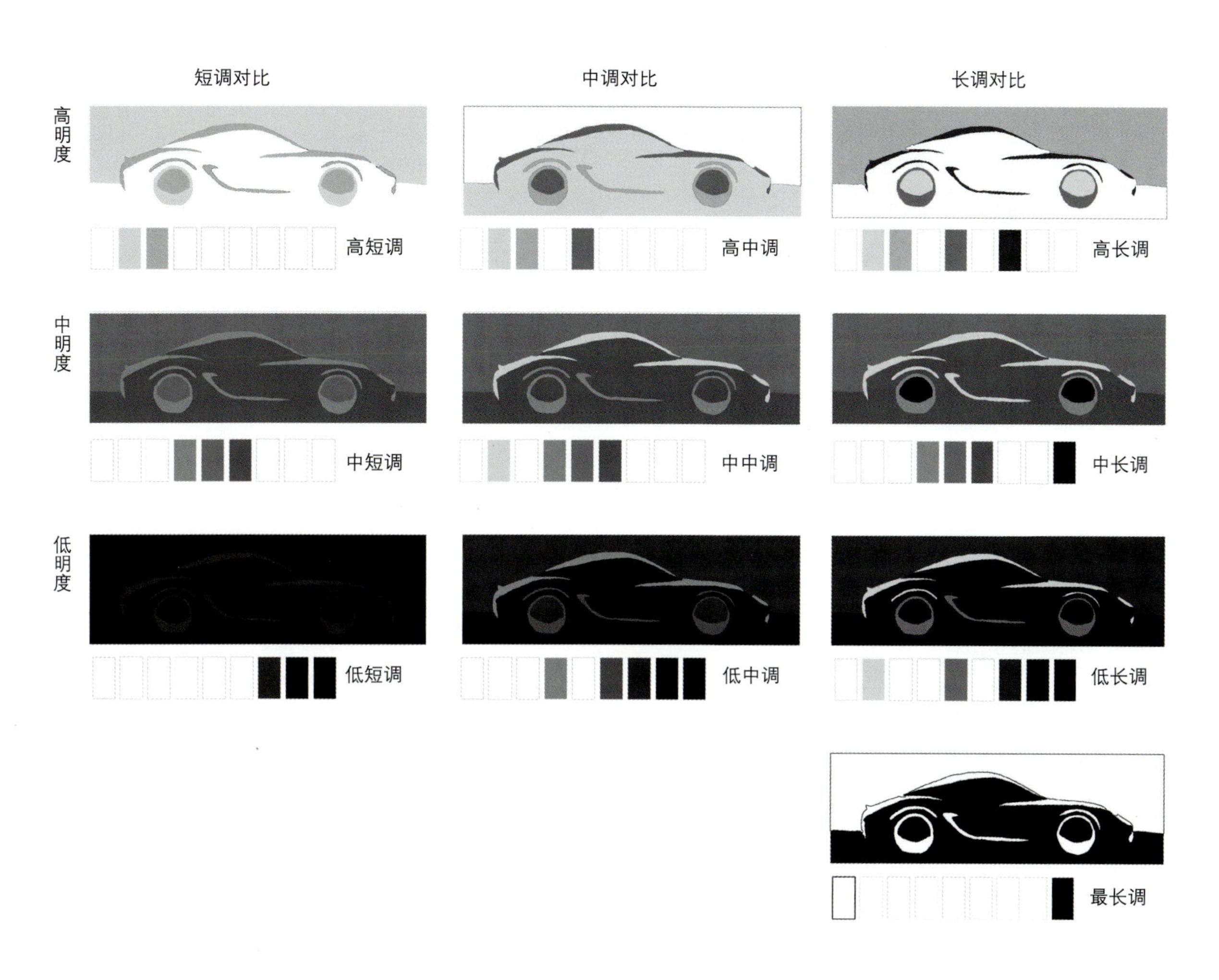

图3-20 10种明度对比（学生作品）

比关系，可以给人明快、雅致、响亮、活泼的视觉感受。在实际的案例中，高中调对比或给人以典雅、精致的空间格调，或给人以明快、清新的空间格调。

3.2.3 高长调

主色调为高明度，明度差在5度以上的明度对比，称为高长调（图3-21下，图3-22下）。

高长调的明度关系在大自然中比比皆是，只要用心观察，就会发现那奇妙丰富的光影变化，属于高明度基调中最生动、最丰富的对比关系。将自然中观察到的明度关系转化到简单的图形构成中，其强烈而刺激的高明度对比关系，可以给人以明朗、积极、生动的视觉感受。中国苏州博物馆整体建筑及景观格调就是在这样的基调下展开的：大面积的白墙、深灰色的压顶和收边的线脚、中灰色和浅灰色的天然石材和铺装材料的柔和过渡、水面反射景观并减低2度差的灰度，让人陶醉在诗情画意的传统文化格调中。

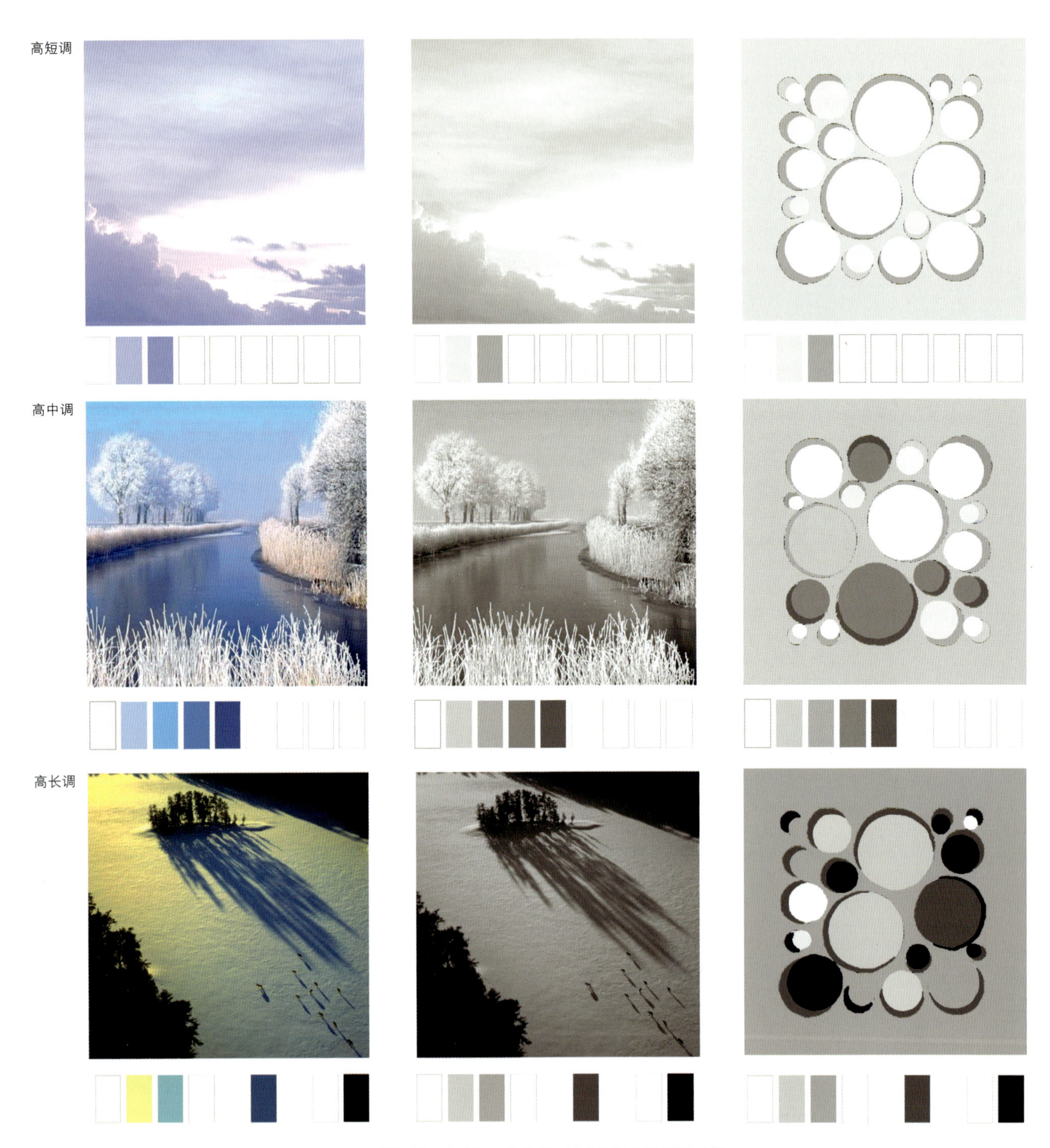

图3-21 高短调、高中调、高长调的对比关系（1）

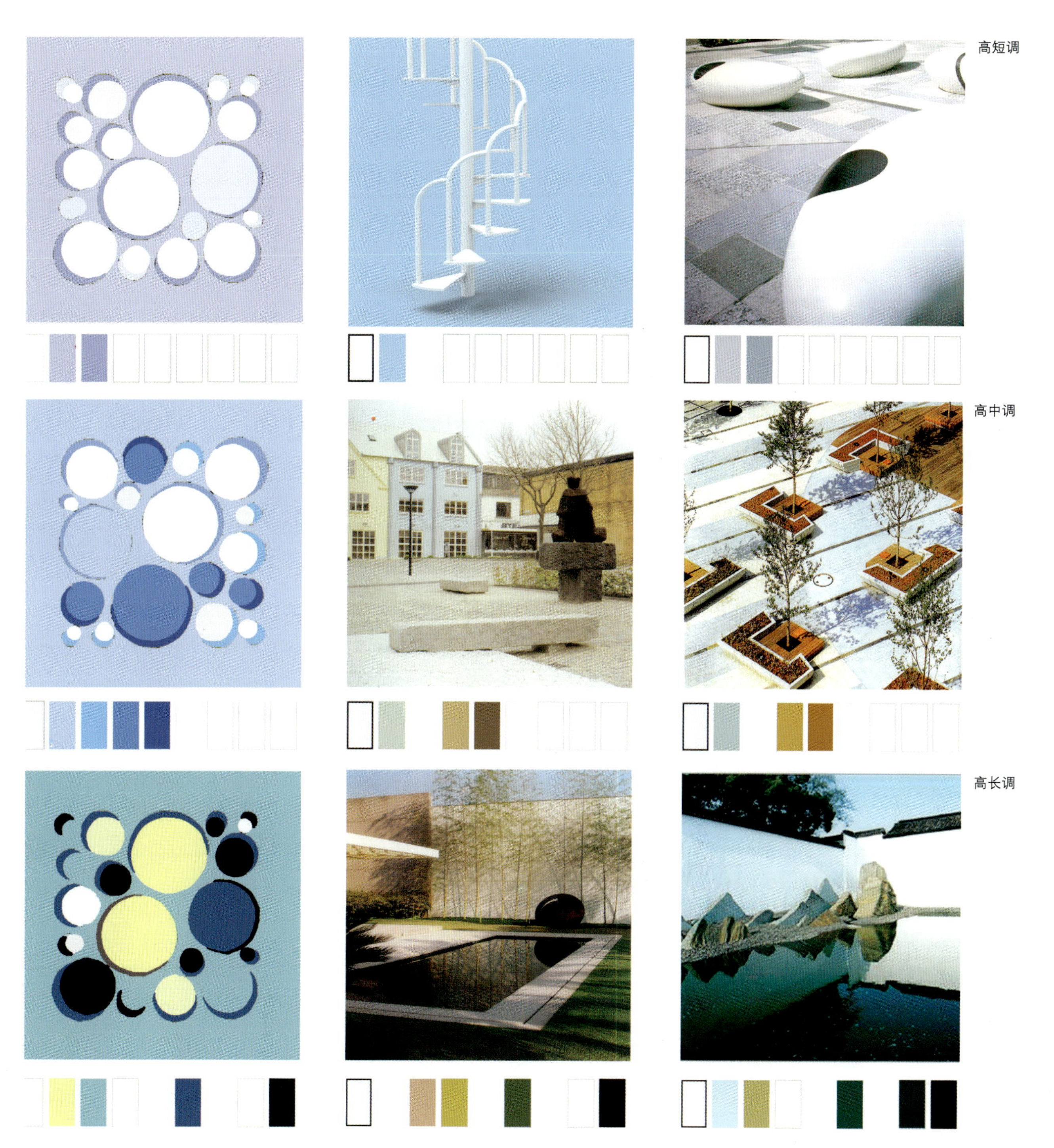

图3-22 高短调、高中调、高长调的对比关系（2）

3.2.4 中短调

主色调为中明度，明度差在3度以内的明度对比，称为中短调（图3-23上，图3-24上）。

中短调的明度关系在乡土自然景观中随处可见，土地与庄稼是乡土景观中不变的主题。将乡土自然景观中观察到的明度关系转化到简单的图形构成中，这种微弱的中明度对比关系，可以给人质朴、实在、含糊、平板的视觉感受。现代的景观中经常使用这种对比关系表现乡土气息的自然景观，或夸张地表现本土景观与现代科技共融的乡土自然景观部分。

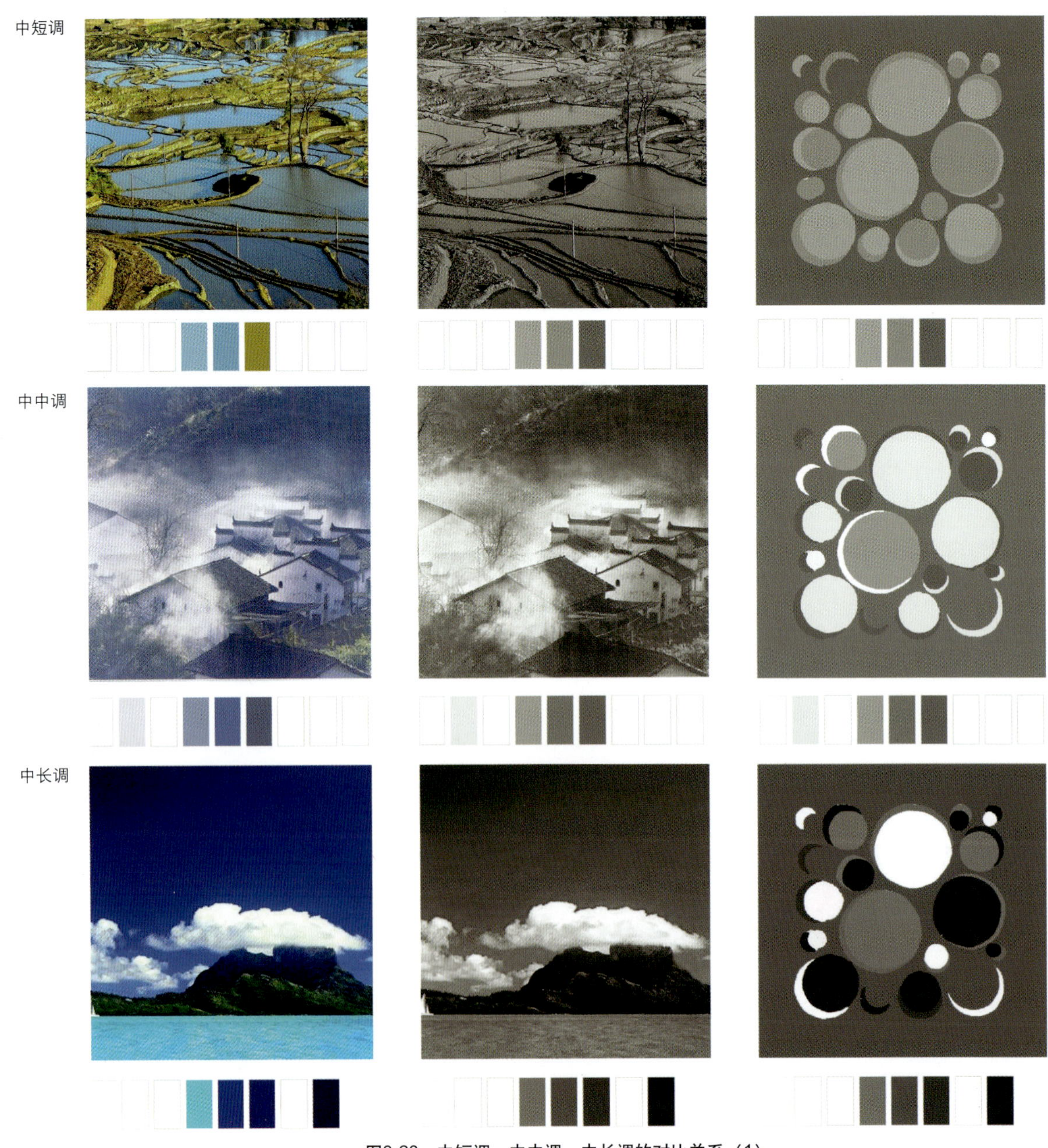

图3-23 中短调、中中调、中长调的对比关系（1）

3.2.5 中中调

主色调为中明度，明度差在3～5度的明度对比，称为中中调（图3-23中，图3-24中）。

中中调的明度关系在自然中更突出地表现为不经意的出现或偶发的变化：晨雾、小雪、小雨、白云飘或云彩遮住太阳等，由于这种突发的变化，使原本的景象更具薄暮感。将自然中观察到的明度关系转化到简单的图形构成中，这种强度适中的中明度对比关系，可以给人含蓄、丰富、生动的视觉感受。在大量的风景园林作品中，这种对比关系的案例所占的比例是比较高的，因为这种明度对比关系具有和谐与统一感。

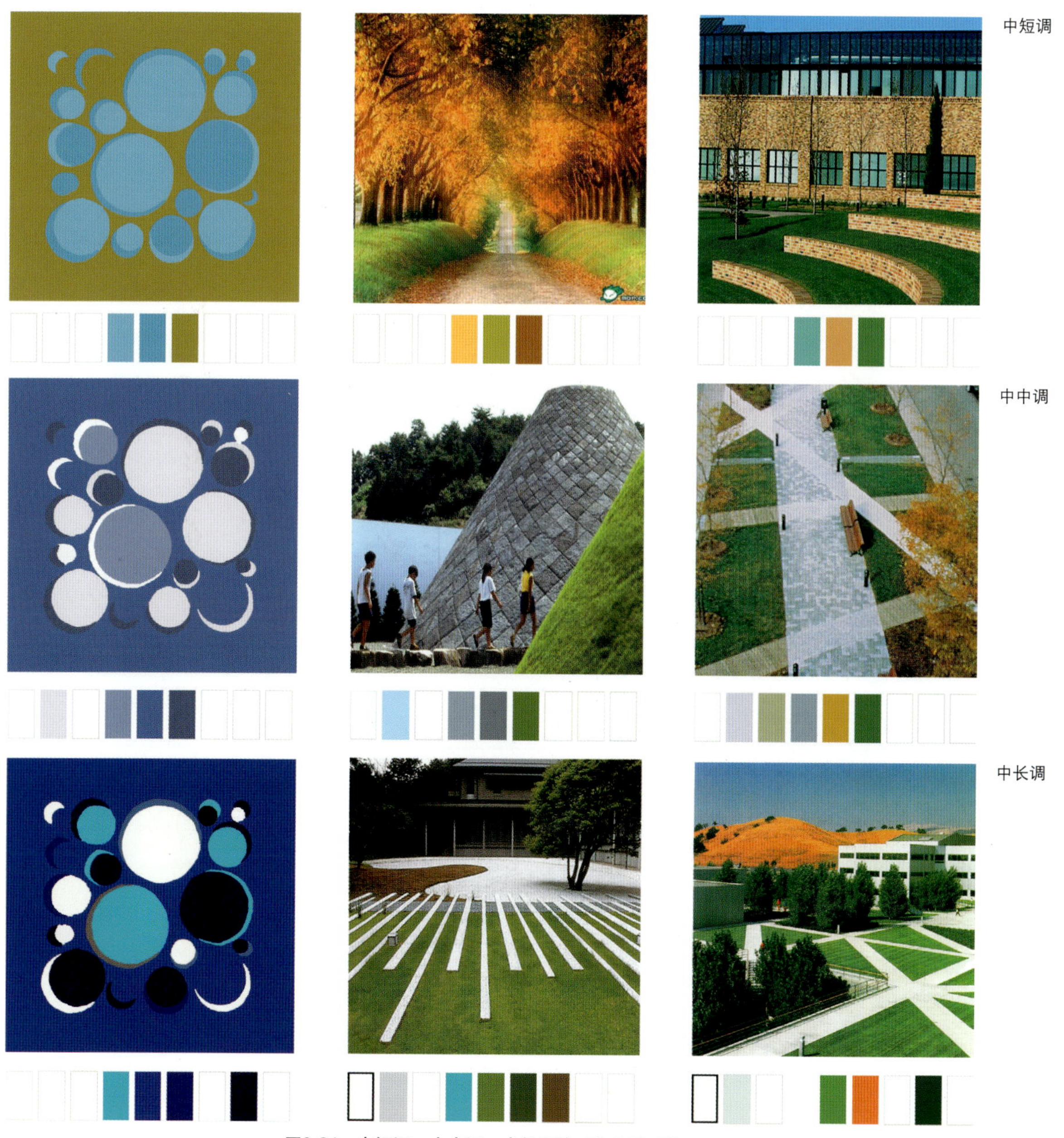

图3-24 中短调、中中调、中长调的对比关系（2）

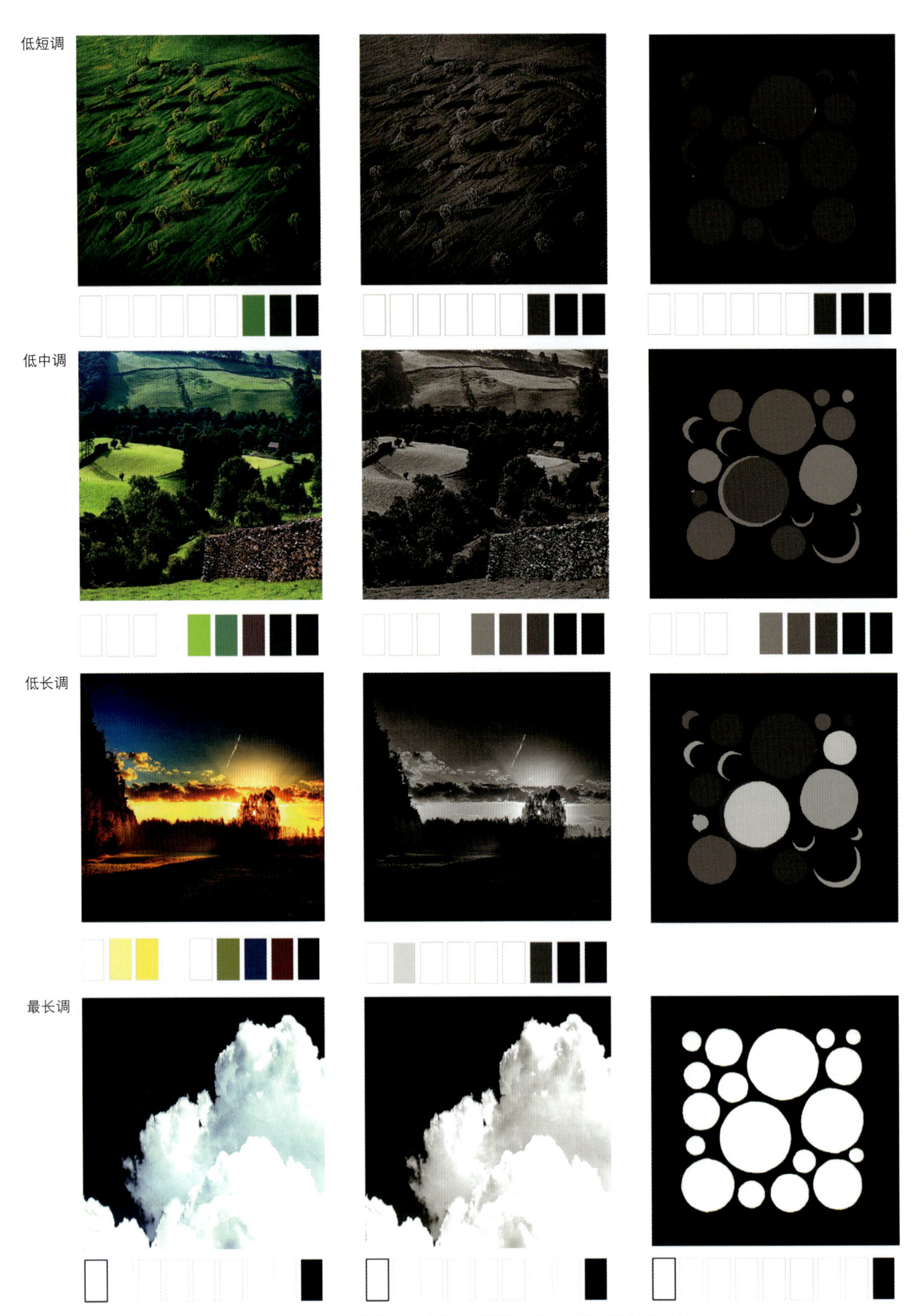

图3-25　低短调、低中调、低长调、最长调的对比关系（1）

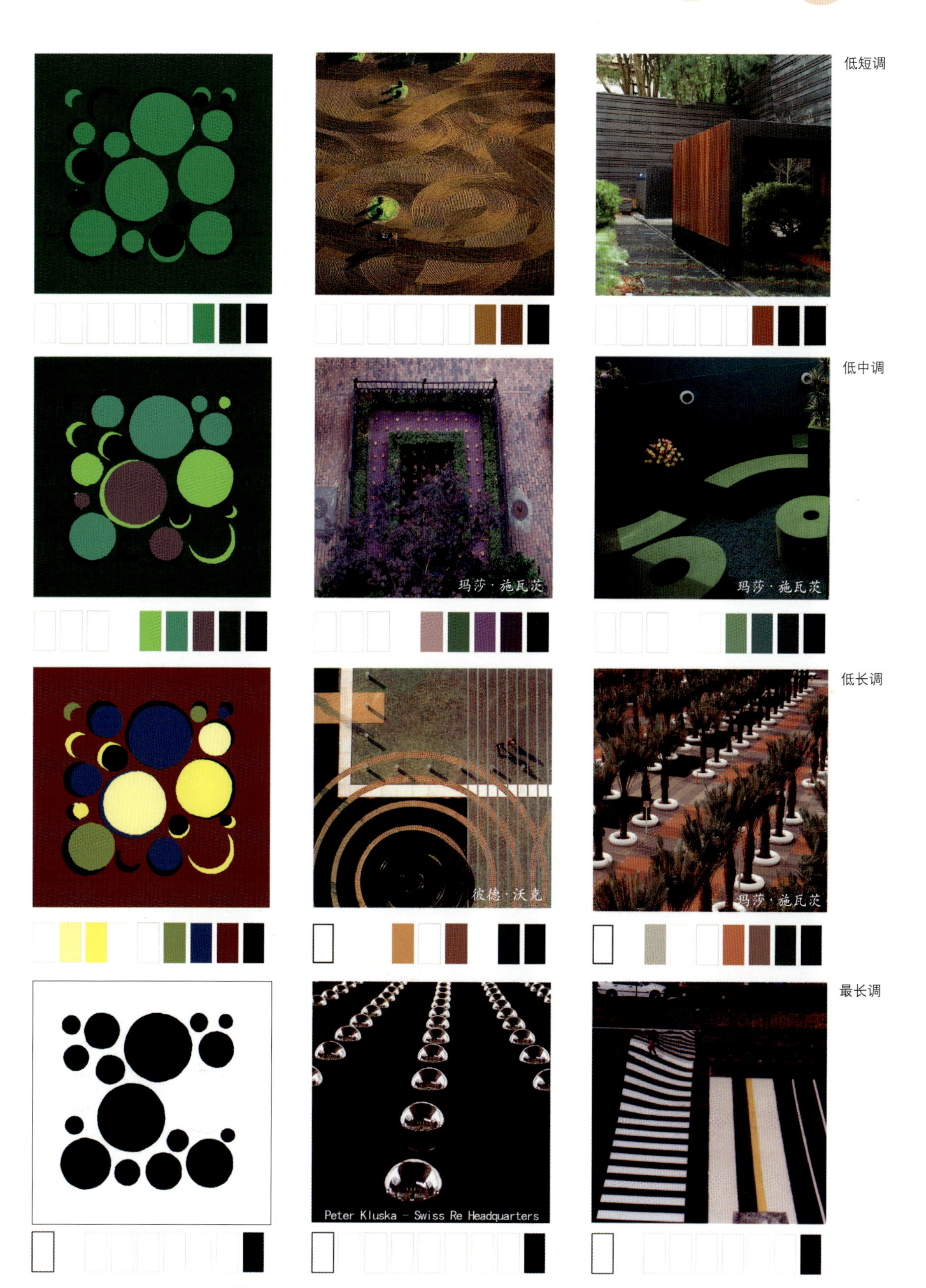

图3-26 低短调、低中调、低长调、最长调的对比关系（2）

3.2.6 中长调

主色调为中明度，明度差在5度以上的明度对比，称为中长调（图3-23下，图3-24下）。

中长调的明度关系就如在阳光明媚的艳阳天，洁白的云、瓦蓝的天、光影变化强烈的景物等，这种自然景观强烈、有力。将自然中观察到的明度关系转化到简单的图形构成中，它那强烈的中明度对比关系，可以给人以明朗、有力、稳重、男性化的视觉感受。这种较强烈的对比关系在设计中多应用于提高场地的明度层次，增加场地的光影效果，或用于表现稳重、有力的场所精神。

3.2.7 低短调

主色调为低明度，明度差在3度以内的明度对比，称为低短调（图3-25上，图3-26上）。

低短调的明度关系多存在于纯绿的自然山野中，层次变化微弱。将从中抽象的明度关系转化到简单的图形构成中，可以给人忧郁、沉闷、神秘的视觉感受。在实际案例中较少出现。

3.2.8 低中调

主色调为低明度，明度差在3～5度差的明度对比，称为低中调（图3-25中上，图3-26中上）。

低中调的明度关系多存在于疏林绿地的自然景观中，将从中抽象的明度关系转化到简单的图形构成中，可以给人苦恼、寂寞的视觉感受。在具体应用中需要很强的色彩驾驭能力，综合考虑其明度、色相和纯度的合理搭配，一般多用于给人带来视觉艺术享受的表现形式上。

3.2.9 低长调

主色调为低明度，明度差在5度以上的明度对比，称为低长调（图3-25中下，图3-26中下）。

低长调的明度关系多出现于夕阳西下的最后一刹那，或阳光透过乌云射在大地上的自然景象。将从中抽象的明度关系转化到简单的图形构成中，可以给人深沉、晦暗、极具爆发性的视观感受。在实际景观作品中如搭配恰到好处，效果极佳。

3.2.10 最长调

以最高明度与最低明度的两色构成的明度对比，称为最长调（图3-25下，图3-26下）。其对比明度关系是最强烈的，给人以明晰、醒目、生硬的视观感受，在实际案例中较少出现。

3.3 纯度对比

因颜色的彩度所占的比值不同所形成的色彩对比，称为纯度对比。

以太阳光透过三棱镜产生色散形成的光谱色，是纯度最高的色彩，属于纯色。在色彩中调入无彩色（黑、白、灰）时，根据调入比值的多少形成不同的纯度对比（图3-27），在改变明度关系的同时也降低了纯度；当调入互补色时，根据调入比值的多少形成不同的纯度对比（图3-28）；当纯色之间的邻近色和对比色相加时，其纯度对比关系属于高纯度色。

色彩之间纯度差别的大小决定纯度对比的强弱。根据占主体的色彩的纯度等级与其他色彩的纯度等级，以及两者之间的对比关系，将纯度对比分为4种：高彩对比、中彩对比、低彩对比、艳灰对比（图3-29）。不同纯度的基调构成具有不同的格调与个性。

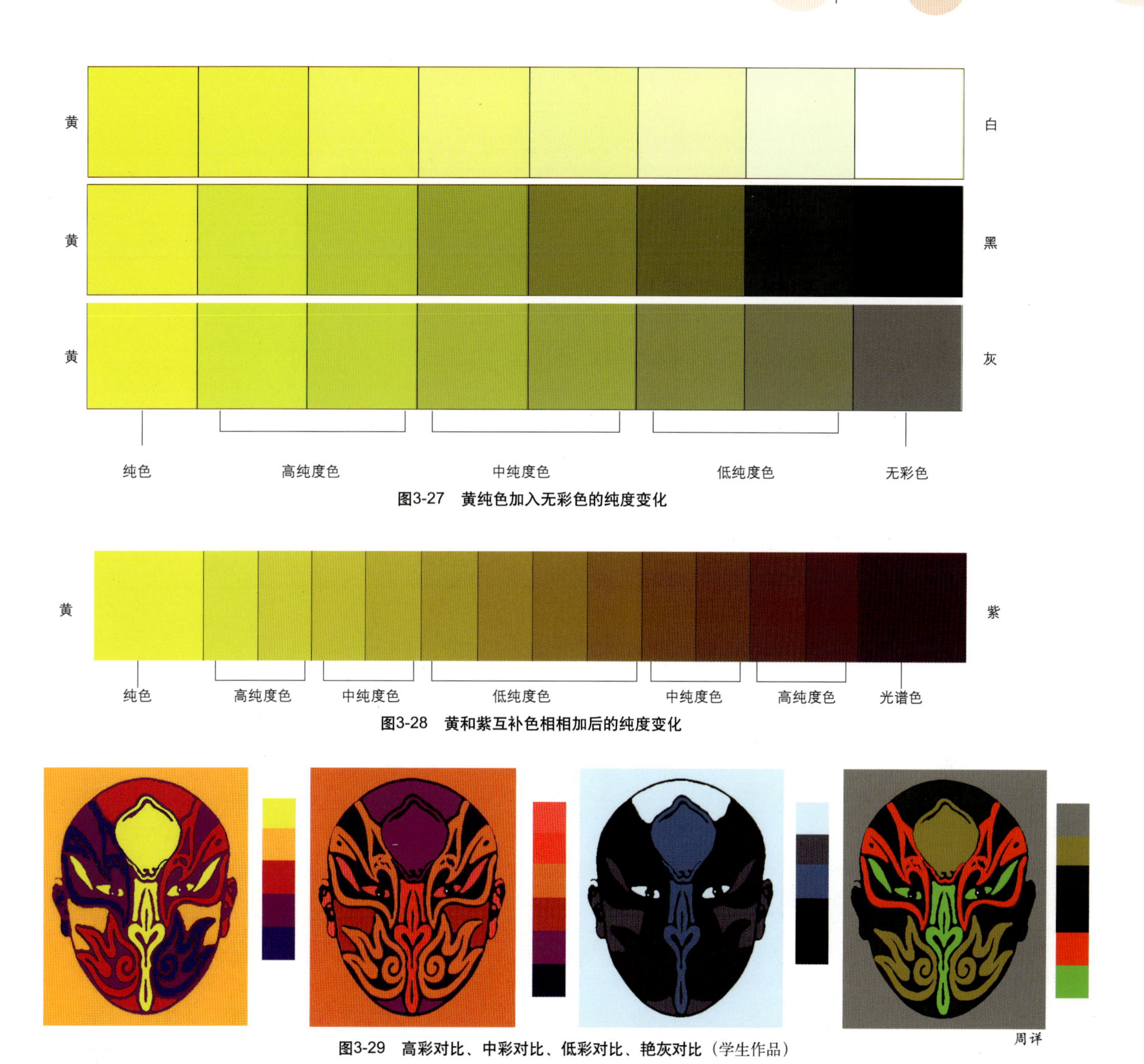

图3-27　黄纯色加入无彩色的纯度变化

图3-28　黄和紫互补色相相加后的纯度变化

图3-29　高彩对比、中彩对比、低彩对比、艳灰对比（学生作品）

3.3.1　高彩对比

占主体的色彩和其他色彩均为纯色与高纯度色的对比，称为高彩对比（图3-30上）。

高彩对比色彩饱和，鲜艳夺目，色彩效果肯定，具有鲜明、强烈、华丽、个性化的特点。但如果色彩面积比例和配色搭配不当，易使人视觉疲劳、狂躁、不安。

3.3.2　中彩对比

占主体的色彩和其他色彩均为中纯度色的对比，称为中彩对比（图3-30上中）。

中彩对比温和柔软，典雅含蓄，具有亲和力，有着调和、稳重、浑厚的视觉效果。

图3-30　纯度对比的观察、转化及联想

3.3.3　低彩对比

占主体的色彩和其他色彩均为低纯度色与无彩色的对比，称为低彩对比（图3-30下中）。

低彩对比的格调含蓄、朦胧而暧昧，或淡雅，或郁闷，具有薄暮感、典雅感和神秘感。

3.3.4　艳灰对比

当鲜艳的高纯度色（含纯色）与诙谐的低纯度色（含无彩度色）之间进行对比时，一般低纯度色的面积比例较大，以衬托高纯度色，这种对比称为艳灰对比（图3-30下）。

高纯度色与低纯度色相互映衬，显得清新、生动、活泼、生机盎然。

3.4　同时对比和继时对比

持续注视某种色彩，能在视网膜上产生其补色的视觉残像，即负后像。如先注视左边的红色方块，片刻后将目光移到右边的空白处，就能看到绿色方块的残像（图3-31）。注视的时间越长，产生的影响越大。如伊顿所说："人的眼睛需要相应的补色来对任何特定的色彩进行平衡，如果这种补色还未出现，那么眼睛会自动地将它生成出来。"基于人类视觉的这种生理特征，分别以同时对比和继时对比所产生的视觉效果，进行进一步说明。

3.4.1　同时对比

如果将色彩组合放在一起，我们会发现色彩的感觉变得不太一样。相邻并置的色彩之间会产生相互作用。当某种色彩与其他色彩相邻并置时，会将其他

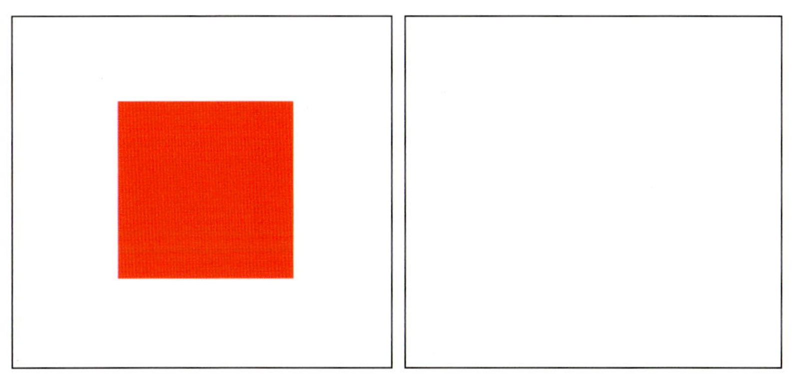

图3-31　视觉残像

图3-32　色彩的同时对比

图3-33 同时对比导致的色相错觉

同样的橙色，在黄色背景下显得偏红，在红色背景下显得偏黄。因为黄色背景诱发紫色的心理补色，红色背景诱发青绿色的心理补色，分别使得橙色的色相向相应的方向发生偏转

图3-34 补色效应

增加色彩纯度感受的方法是将色彩与其补色并置。图中紫色背景上的黄色看起来要比橙色背景上的黄色更鲜艳

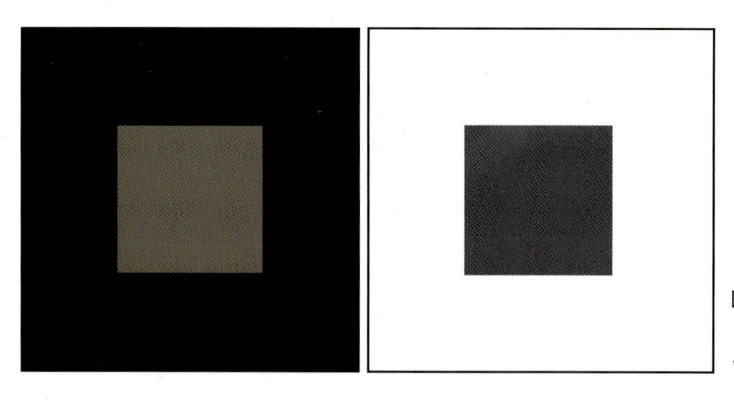

图3-35 同时对比导致的明度错觉

同样的灰色，在暗的黑色背景下看起来比在亮的白色背景下明度高

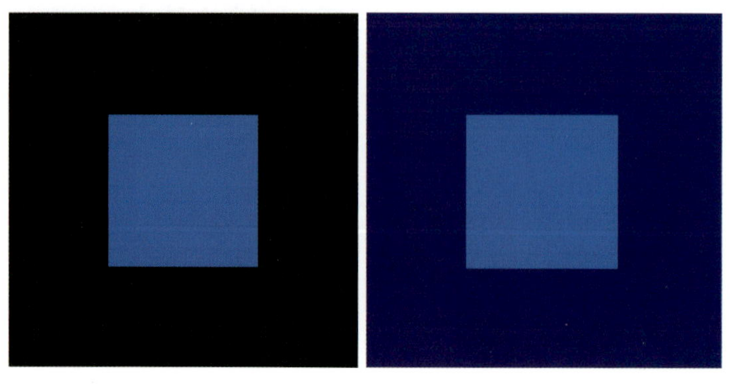

图3-36 同时对比导致的纯度错觉

同样的天蓝色，在纯度较低的深灰色背景下比在纯度较高的深蓝色背景下看起来蓝

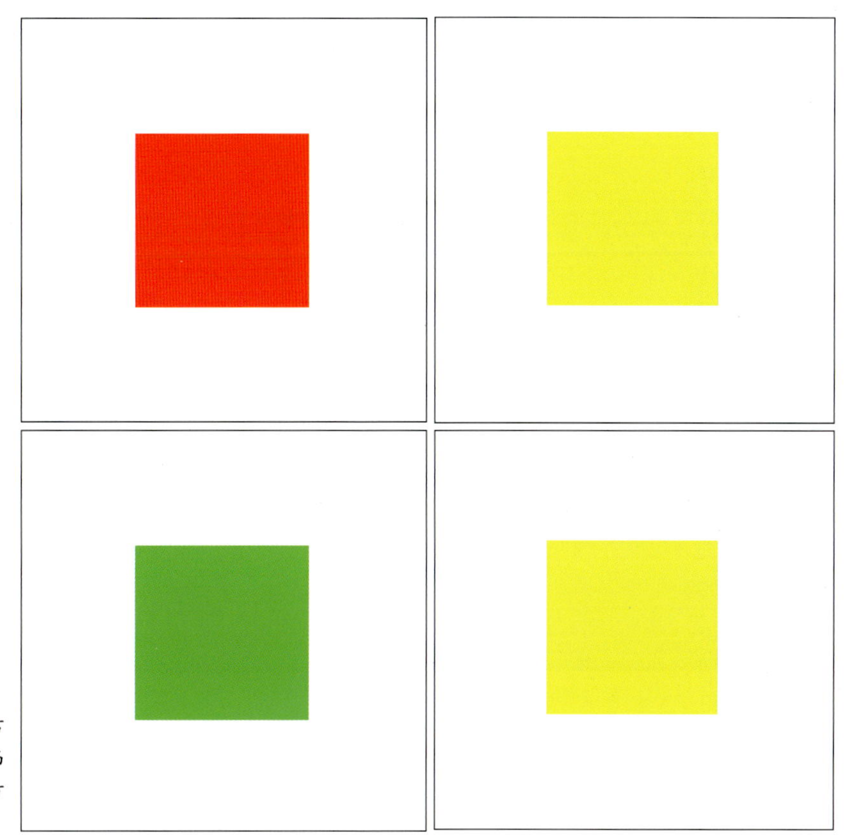

图3-37 色彩的继时对比

先注视左边的红色方块，片刻后看右边的黄色方块，会感觉黄色方块发绿；而当先注视左边的绿色方块后再去看黄色方块时，则感觉黄色方块有橙色的感觉

色彩推向这种色彩的相反方向，即为色彩的同时对比。如同样的灰色方块，放在不同色彩的背景上会给人不同的感觉（图3-32）。

同时对比会让相邻两色的色相向对方的补色方向偏移，相邻两色色相越接近互补色，互相影响越强烈（图3-33，图3-34）；不同纯度与不同明度的两色对比，会令强更强、弱更弱（图3-35，图3-36）。

3.4.2 继时对比

发生在不同视域，具有很短时间差的色彩对比，称为色彩的继时对比。当人们长时间注视某种色彩后再去看另一种色彩时，会感觉第二种色彩被叠加了前一种色彩的补色（图3-37）。

色彩的继时对比原理可用来加强色彩的视觉传达效果，或减轻特殊工作造成的视觉疲劳。如医院的手术室环境和手术相关人员的着装都以绿色、蓝绿色为主，就是为了恢复医护人员因长时间注视红色血液而产生的视觉疲劳，并让红色的血管等看起来更明晰，从而提高手术的安全性。

3.5 面积对比与位置对比

色彩在设计中总是依托一定的形态而存在，而形态在空间中总有一定的面积和相对位置，因而色彩也就存在面积对比和位置对比。

马蒂斯说：“存在着一种强制性的色彩比例关系，它引诱我改变图像的形状或者转换构成。直到我在所有部分的构成中已经达到这个比例，我将继续工作，力求趋向它。”

3.5.1 面积对比

同一种色彩，面积越大，看起来明度和纯度越高（图3-38），因为面积大的色彩对视觉有更强的刺激力量。

当几种色彩在画面中放置在一起时，这些色彩各自都会占有一定面积。当形成对比的色彩的面积相等时，最能比较出色彩之间的差别。而当形成对比的色彩一方面积增大另一方面积缩小时，色

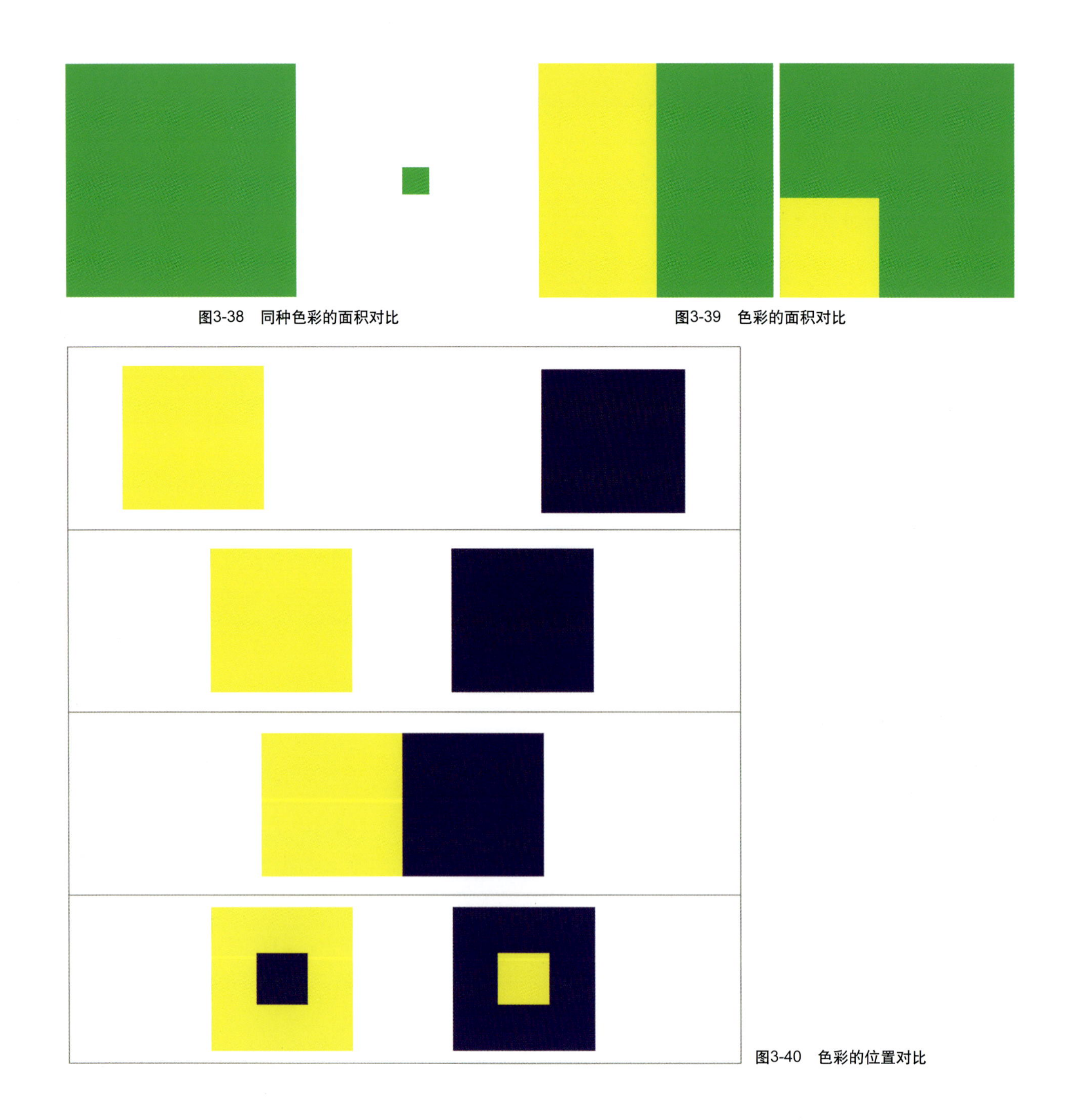

图3-38　同种色彩的面积对比

图3-39　色彩的面积对比

图3-40　色彩的位置对比

彩对比产生的视觉刺激会削弱，较大面积色彩在画面中的优势会逐渐显示出来。大面积色彩的视觉效果比小面积色彩的更稳定，更不容易受影响（图3-39）。

3.5.2 位置对比

形成对比的色彩之间距离越近，互相作用力越强，色彩对比越强烈。当色彩之间互相接触、切入，甚至形成一色包围另一色的效果时，对比的效果会由弱变强（图3-40）。

3.6 形状对比与肌理对比

形态本身具有一定的形状和肌理，因而色彩也具有形状对比与肌理对比。形状通过类似的心理感觉与色彩相关联，肌理的使用能增加色彩的趣味性。

3.6.1 形状对比

根据康定斯基的研究，形状与色彩给人的感觉具有一定的对应关系。在调查问卷中，被调查者对图形上色的结果显示这种对应关系是：正方形—红色，三角形—黄色，圆形—蓝色。几何形的3种基本形，正好与色彩的三原色相互对应（图3-41）。

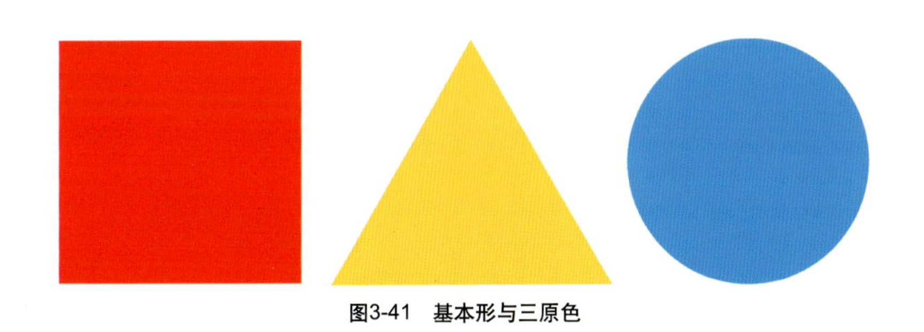

图3-41 基本形与三原色

正方形有4条横平竖直的等边以及4个直角，其产生的质量感、确定感，与红色产生的感觉一致。三角形有3条斜线和至少2个锐角，显得积极而锐利，和黄色产生共鸣。圆形是曲线的、流动的、轻快圆滑的，正好与蓝色相呼应（关于色彩的联想与精神表述参见3.7节内容）。进一步还可以试着将形与色进行更多对应，比如用锯齿形对应黄色、菱形对应橙色、椭圆形对应紫色等。

当作品中的色彩和形状的表达相一致时，会加强表达的效果。反之，则会削弱表达的效果。

3.6.2 肌理对比

肌理是物体表面呈现的纹理，与物体的形态、材质等有关。质感较光滑的物体，由于反光较强，产生明显的明暗部分，会使色彩的明度显得比实际高或低；质感较粗糙的物体，反光较弱，则会呈现出原本的色彩。

同样的色彩，用不同肌理表现时，呈现出的肌理对比，会使表现效果更为生动有趣（图3-42）。

图3-42 色彩的肌理对比

3.7 色彩对比关系实验

3.7.1 实验5：色相对比

目的 理解色相的差别。

方法 以同类色相对比、邻近色相对比、对比色相对比、互补色相对比为题目，绘制4幅抽象作品，参见图3-43和图3-44。

要求 画在A4细纹水彩纸上，或装裱在A4黑卡纸上。

课题要点 明确色彩的色相对比的强弱程度关系及形成对比的色彩在色相环上的距离关系。

3.7.2 实验6：明度对比

目的 理解明度的梯度与色差。

方法 从高长调、高中调、高短调、中长调、中中调、中短调、低长调、低低调、低短调9种为题目，绘制抽象作品，基本形可相似，也可为一幅抽象画分九宫格形式进行调色，同时需要根据

图3-43 色相对比（1）（学生作品）

图3-44 色相对比（2）（学生作品）

色彩调整形式的内容。参见图3-45和图3-46。

时间 1天。

要求 同实验5。

课题要点 分辨明度的差异，理解明度对比的概念及关系。

3.7.3 实验7：纯度对比

目的 理解色彩纯度色差及对比关系。

方法 以高彩对比、中彩对比、低彩对比、艳灰对比为题目，绘制或拼贴4幅抽象作品，要求基本形相似。参见图3-47和图3-48。

时间 1天。

要求 同实验5。

课题要点 分辨纯度的等级，理解纯度对比的概念及关系。

3.7.4 实验8：色相明度与纯度的综合对比

目的 理解色彩的色相与色彩的纯度间的对比关系，同时注重色彩的明度基调。

方法 以一幅基本形为母题或9幅小图构成一幅主题的图形，以高纯度同类色、高纯度对比色、高纯度互补色、中纯度同类色、中纯度对比色、中纯度互补色、低纯度同类色、低纯度对比

图3-45　明度对比（1）（学生作品）

色、低纯度互补色为限定完成9幅抽象作品，内容自定。参见图3-49至图3-51。

时间　1周。

要求　以简洁抽象图形画在A4白色细纹水彩纸上，或装裱在A4黑卡纸上。

课题要点　明确色彩的色相与纯度间的基本关系。

3.7.5　实验9：园林色彩景观的平面化分析

目的　通过对特定时段植物色彩的采集和分析，结合色彩理论知识，转化成园林色彩景观平面配置图，从而通过抽象的色块理解体会园林中的色彩组织关系。

图3-46 明度对比（2）（学生作品） 王景云

方法 选择校园园林一角，面积约2000m^2，以仲春（或特定的时间段）为时间段，对园林中硬质材料和植物色彩的固有色进行色彩比对和采集，现场调色，以得到较为接近固有色的颜色样本（或用色卡进行色彩的比对，再根据色卡进行调色），并把这些颜色转化到园林平面图中，从而分析园林中的色彩组织和搭配关系。根据绘制的彩色平面图，选择一处植物四季色彩比较丰富的区域，依据植物色彩的显色规律，进行四季色彩的联想和绘制。可参考图3-52。

时间 2周。

要求 平面图和四季分析图分别画在A4细纹水彩纸上。

课题要点 观察园林元素的色彩、质感及肌理，利用颜料或色卡采集园林元素的固有色，其中对植物物候期特征的色彩显色，能准确地捕捉，从而获取与平面配置图的直接转换关系，把抽象的色彩理论知识与专业具体的客观事物相结合，以便更好地组织园林元素的色彩搭配关系。

图3-47 纯度对比（1）（学生作品）

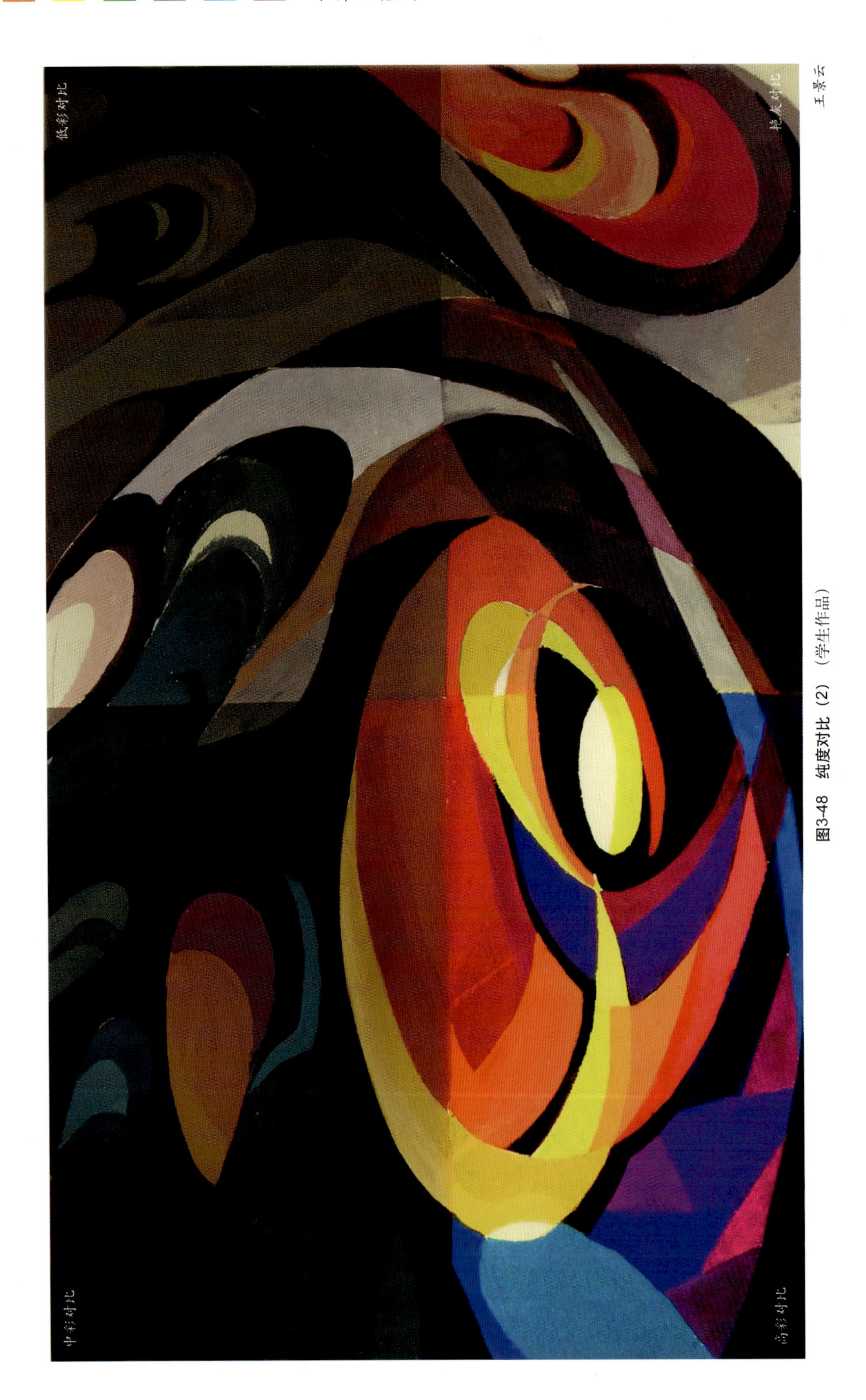

王景云

图3-48 纯度对比（2）（学生作品）

图3-49 色相明度与纯度的综合对比（1）

图3-50　色相明度与纯度的综合对比（2）

图3-51 色相明度与纯度的综合对比（3）

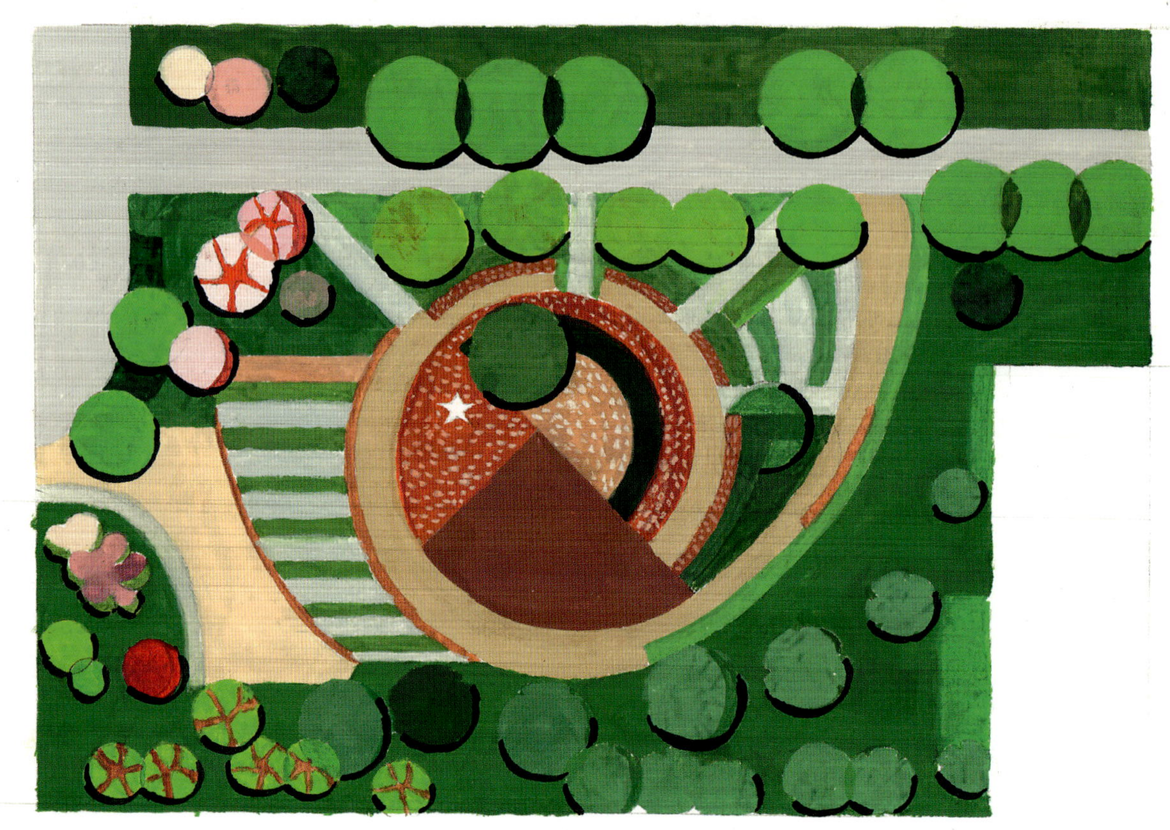

“学子情”春季平面图

四季彩图推理

图3-52 园林彩色平面图

第4章 色彩调和

梵·高说："没有不好的颜色，只有不好的搭配。"每种颜色都有其个性和特征，最重要的是它们之间如何相处，如何配合，如何组织，如何展示，以达到色彩和谐的目的，这就是色彩调和。

色彩调和的含义有两种：一种是指将形成对比的色彩通过调整组合得到和谐的视觉效果；另一种是指将符合某种规律的色彩搭配在一起从而呈现出多样统一的和谐效果。通过调和可以抑制过分的色彩对比，令视觉得到平衡舒适的感受。

总之，色彩调和是表达配色美的手段，其目的是得到色彩的和谐。色彩和谐是色彩对比和调和的辩证统一，是色彩布局追求的方向。但由于受视觉心理的平衡、人们的视觉习惯、美的社会因素等影响，每个区域的人都有自己的配色理论，很难归纳出一套完整的理论方法，只有随着时代的发展，好的传统理论被继承和转化成现代人接受的一般共性调和方法。在此，归纳为三种具体方法：共性调和、面积比调和、秩序调和。

4.1 共性调和

共性调和是选择相同或近似的色彩组合，增加对比关系的共同性或弱化强烈的对比关系的个性，是色彩调和的基本方法之一。它是包括"同一"和"近似"两个概念在内的调和方法。

同一的概念，即为同一种介质（特指某一种颜色）。具体的调和方法是当两个或两个以上的色彩对比效果为强对比时，将一种颜料混入各色中以增加各色的同一因素，改变色彩的明度、色相、纯度，使强烈刺激的各色逐渐缓和。

中国传统织锦就一直注重调和的配色原理（图4-1）。比如南京云锦的妆花"三晕"，其配色采用的就是同一调和的方法：水红银红配大红（各色中都含红），葵黄广绿配石青（各色中含青），藕荷青莲配紫酱（各色中含青莲），玉白古月配宝蓝（各色中含蓝），密黄秋香配古铜（各色中含黄）。

近似的概念，就是差别很小，同一成分很多，双方很接近与相似。选择性质与程度很接近的色彩组合，或增加对比色各方的同一性，使色彩间的差别很小，避免与削弱对比感觉，取得或增强色彩调和。近似是增强不带尖锐刺激的调和的重要方法之一。

图4-1 明代织锦斗牛纹方补

根据共性调和的方法，分别对色相、明度、纯度和背景进行进一步的讨论。

4.1.1 以色相为基础的共性调和

（1）同类色或邻近色的调和

同类色对比或邻近色对比在色相对比中比较容易形成和谐统一的调和关系。在调和的同时能保持色相的明确性和饱和度。具体详见3.1节的"色相对比"部分。

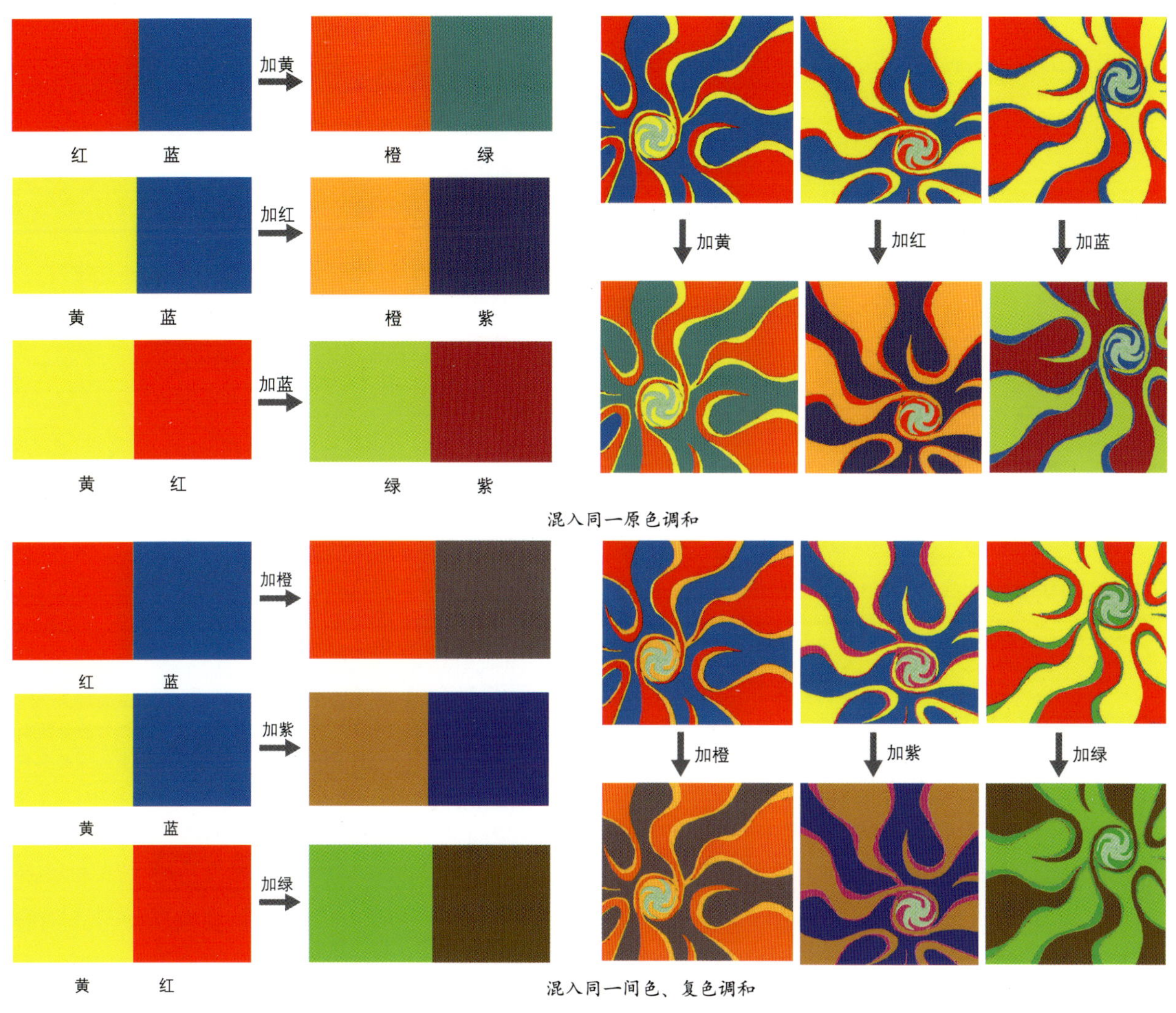

图4-2 色相同一调和

（2）色相同一调和

当色相对比出现较强刺激的对比关系时，通常会采用色相同一的调和方法。色相同一就是在对比色各方中都混入同一色，使对比的色相均向该色靠拢。如混入同一原色调和法，混入同一间色、复色调和法。这样就削弱了原来较强的色相对比关系，形成了在混入色基础上的统一和谐（图4-2）。

（3）色相互混调和

色相互混调和指将对方色彩分别混入形成对比的色彩双方，但需注意混入的比例，不得改变原有的色相属性，如图4-3所示。

（4）点缀色同一调和

点缀色同一调和指将对方色彩分别缀入形成对比的色彩双方当中，使对比强烈的色彩产生互相渗透的视觉联系，削弱对比（图4-4）。点缀色同一调和与互混调和的基本思路都是将形成对比的两种色彩作加法。

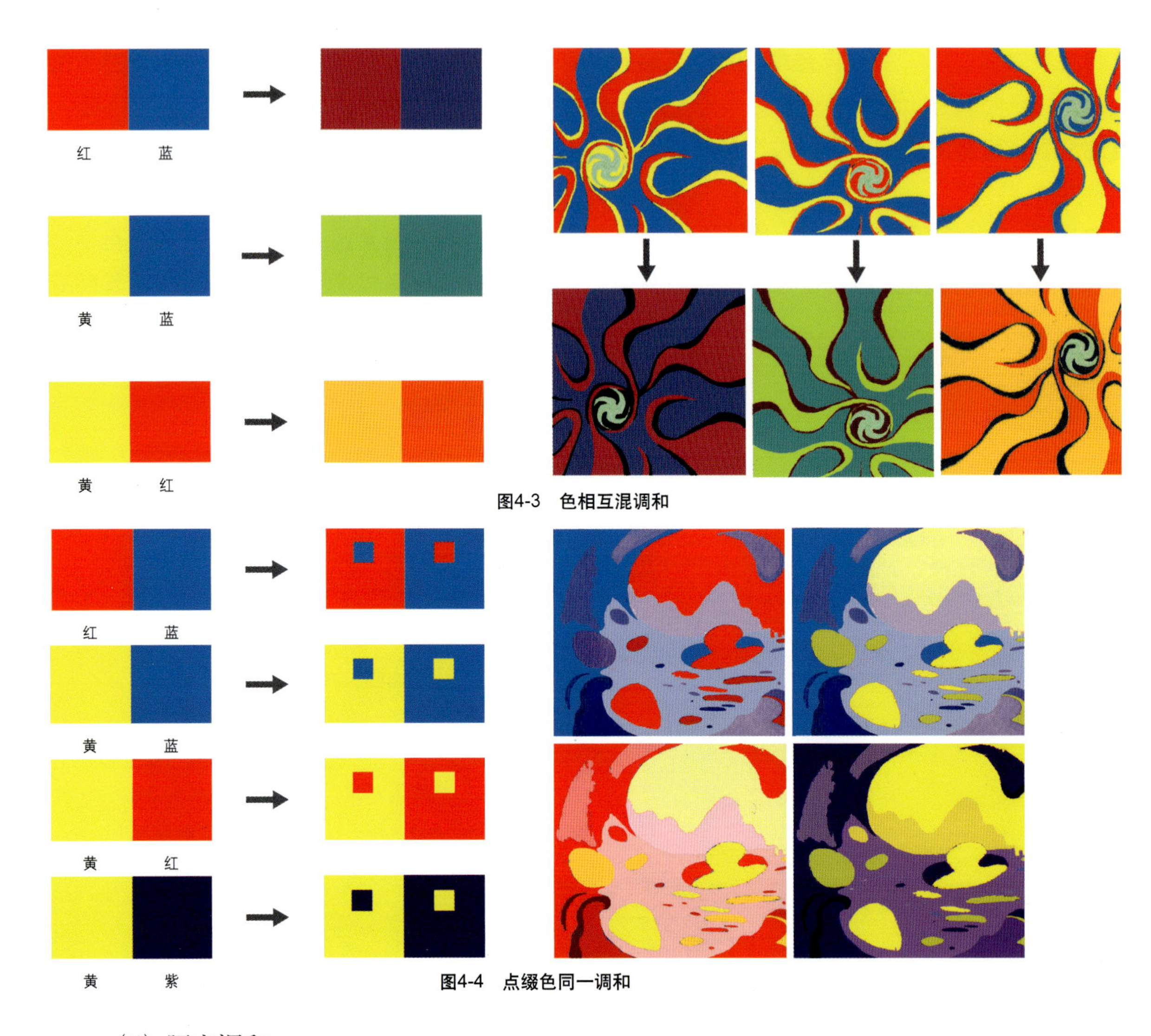

图4-3　色相互混调和

图4-4　点缀色同一调和

（5）隔离调和

隔离调和指当画面中的色彩对比过分强烈或含混不清时，可以运用中性色黑、白、灰、金、银或同一色线，对各色块轮廓进行勾勒，将色块与色块隔离出来，以达到调和的效果。隔离线可宽可窄，可以是某一色也可以是色组。被分隔出的色块越多，分隔线越宽，隔离效果越调和。中国传统民间工艺经常使用隔离调和法，如刺绣、皮影、年画等；在近现代史中最成功的则属荷兰画家蒙德里安的方块抽象画（图4-5）。

4.1.2　以明度为基础的共性调和

（1）短调对比调和

短调对比调和指黑、白、灰等色组成的高短调、中短调、低短调，其明度对比很弱，调和感最强。具体详见3.2“明度对比”。在短调对比的基础上，导入同色相同彩度的短调对比的明度，由于近似的调和关系，其调和感强而变化又极为丰富。如红色中短调、绿色中短调、黄色高短调、蓝色低短调、紫色低短调。

图4-5 隔离调和

蒙德里安的构图系列作品就是色彩隔离调和的经典例子，黑色的分隔线使得多彩的画面和谐而明朗清晰

（2）明度同一调和

在色相对比出现较强刺激时，混入同一无彩色（黑、灰、白），明度提高或降低，同时纯度降低，色相不变，但对比的关系被削弱，即为明度同一调和方法（图4-6）。

4.1.3 以纯度为基础的共性调和

（1）同彩度的调和

同彩度的调和指高彩度配高彩度、中彩度配中彩度和低彩度配低彩度。详见3.3“纯度对比”。

（2）近似彩度的调和

近似彩度的调和指高彩度配中彩度和中彩度配低彩度，其变化丰富且调和感强。

（3）纯度同一调和

纯度同一调和指高彩度配低彩度和纯色配无彩度，其意向鲜明、清浊立判。这需要混入同一调和的元素，以削弱强对比的关系。具体方法如色相同一调和法和明度同一调和法。

（4）灰度调和

灰度调和指在对比色各方中混入与各色等明度的灰色，使原有的各对比色在保持明度对比的情况下，彩度被削弱，改变原有的对比关系，从而加强调和感（图4-7）。

4.1.4 同一背景的共性调和

从自然景象中我们观察到：晨雾的自然景象柔和，像仙境一般；大雪皑皑的自然风光，像天堂一样纯洁；黎明时分或夜幕降临时，有如模糊、委婉地表达着永恒主题的诗歌；夜色笼罩大地，明

图4-6　在色相强对比中混入同一黑色、灰色、白色的调和

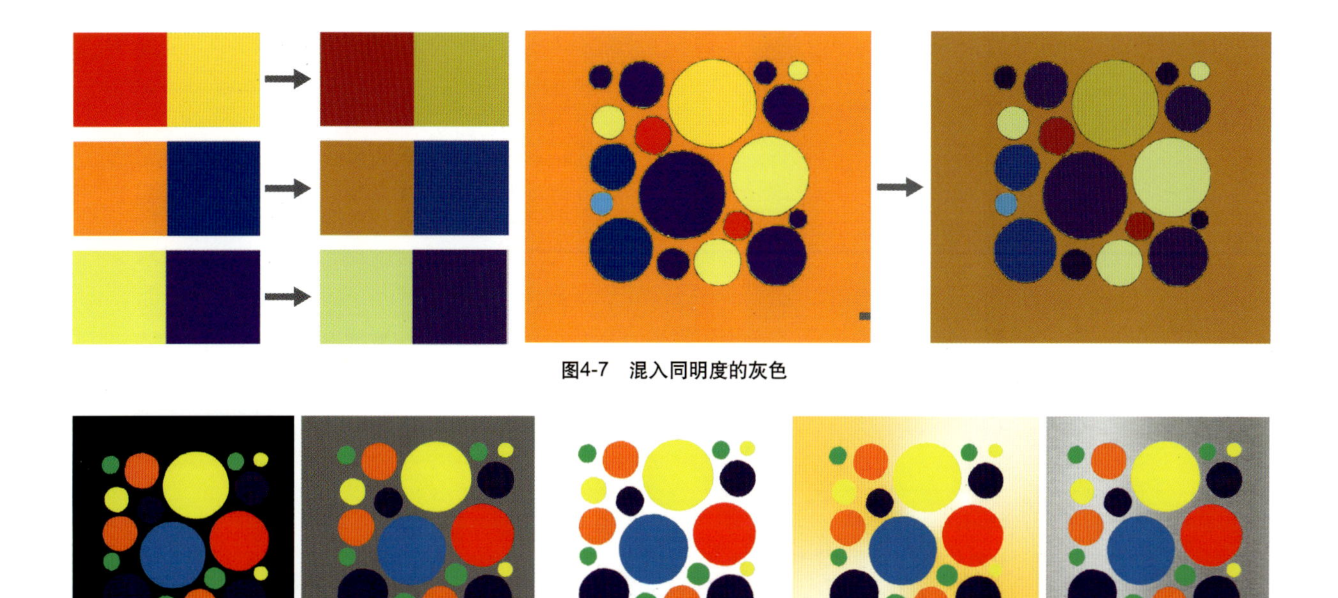

图4-7 混入同明度的灰色

图4-8 同一背景的共性调和

月当空照，一切都那么安静、美丽等。这些自然想象的共同点是，都被一种大面积的色调所控制着，丰富多变的自然界被弱化、被统领。

当画面的色彩出现强对比时，除了以上三种调和的方法外，还可以给予统一的背景，使强对比的色被背景的色分离，以达到和谐的目的。通常用无彩色（黑、灰、白）以及金色和银色作为背景，若用有彩色为背景，要选择与画面主色有区别的色相、明度或纯度关系（图4-8）。其中黑色是调和性最强的背景色，这是由于黑色背景是暗的，对眼睛的刺激小，能缓和色彩强烈对比带来的不适感。我们经常在黑色卡纸上做色彩作业，也是为了使作品效果看起来更和谐。

4.2 面积比调和

面积比调和就是根据色块色相、明度、纯度、冷暖和轻重等因素调整色块面积的大小对比关系，使各色块之间面积关系和谐，达到设计主题的目标。

面积比调和与纯度的调和有相似之处。面积对比的加强，实际上是在增加一个色素分量的同时而减少另一个色素的分量，从而起到对色彩的调和作用。事实证明，色差大的强对比也会因面积的处理而呈现弱对比效果，给人以调和之感。面积的调和是任何色彩设计作品都会遇到而且必须考虑的问题，也是色彩调和的一个较为重要的方法。根据歌德的色彩理论进行计算，具体如下：

明度高的色彩与明度低的色彩要得到调和的搭配，则要将明度比例反转作为面积比例。比如6种常用色彩的明度比为：黄：橙：红：紫：蓝：绿＝9：8：6：3：4：6，反转得到调和的面积比例为：黄：橙：红：紫：蓝：绿＝3：4：6：9：8：6（图4-9）。

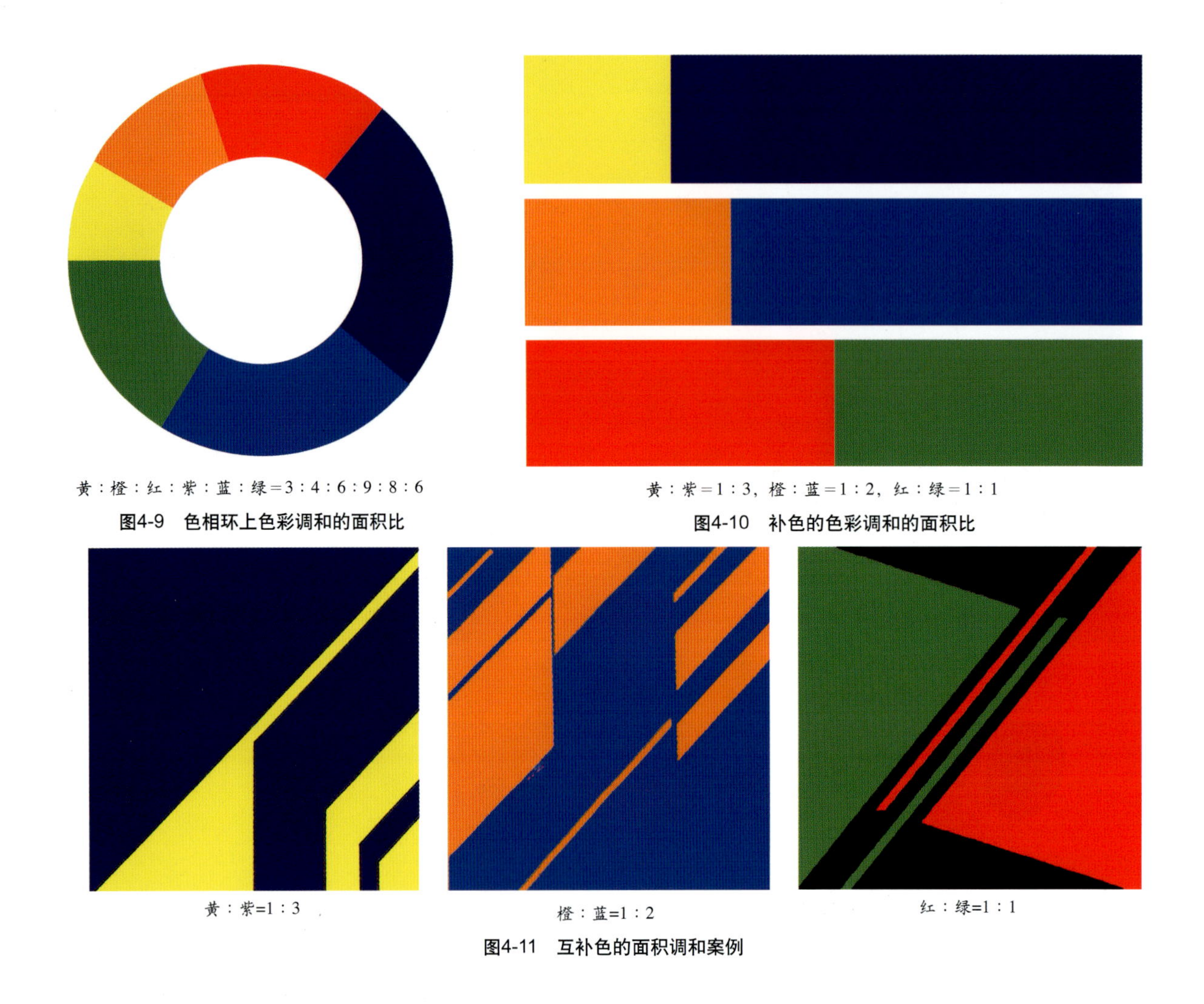

黄：橙：红：紫：蓝：绿=3：4：6：9：8：6

图4-9　色相环上色彩调和的面积比

黄：紫=1：3，橙：蓝=1：2，红：绿=1：1

图4-10　补色的色彩调和的面积比

黄：紫=1：3　　橙：蓝=1：2　　红：绿=1：1

图4-11　互补色的面积调和案例

其中3对补色的明度比例分别是：黄：紫=3：1，橙：蓝=2：1，红：绿=1：1；反转得到调和的补色面积比例为：黄：紫=1：3，橙：蓝=1：2，红：绿=1：1（图4-10）。

当然合理的比例应当是面积、明度、彩度都要兼顾，在此为了方便解释，限定在单纯的面积比的分析上（图4-11）。

4.3　秩序调和

生活中常有这样的经验：即使是狭窄而简陋的房间，只要东西摆放整齐，也能给人以舒服感。将色彩按照色相、明度、纯度三属性进行组织，有条理、有秩序地放置在画面中，也能够得到调和的效果，这就是秩序调和。蒙塞尔曾指出，色彩之间的关系与秩序是构成调和的基础，在蒙塞尔色立体上按照一定规律依次取出的色彩组合，都能构成秩序调和。

渐变调和是秩序调和的一种。如雨后的彩虹，它是由赤、橙、黄、绿、青、蓝、紫渐变排列组合而成的色相的渐变调和（图4-12）。同时也可以是明度、纯度的渐变调和，在某种色彩中逐渐有规律地加入另外某种色彩（如黑、白、灰），或者在所选取的两种色彩之间有规律地插入渐变的中

图4-12 色相渐变带来的秩序调和

渐变产生的秩序调和

1.逐渐加白 2.逐渐加黑 3.蓝与黄对比色的渐变 4.黄与紫互补色的渐变

重复产生节奏的秩序调和

1.同类色的重复 2.邻近色的重复 3.对比色的重复 4.互补色的重复

图4-13 秩序调和

间色彩，形成有序的渐变（图4-13左），更多案例详见2.5“色彩属性实验”。

在不改变色彩属性的情况下，可以使同样的色彩有规律地多次重复出现，产生节奏，也能达到秩序调和的效果（图4-13右）。

4.4 实验10：色彩调和

题目　理解设计大师作品的色彩应用及调和实验

目的　理解大师作品的配色原理并进行色彩调和的实验。

方法　分析一套大师设计作品，以平面图为依据，抽象其色彩关系。在此基础上进行色彩调和的实验，要求3种以上的调和方法。参见图4-14至图4-18。

时间　1周。

要求　将简洁抽象图形贴在42cm × 29.7cm黑卡纸上。

课题要点　明确大师对作品的配色原理，明确色彩调和关系。

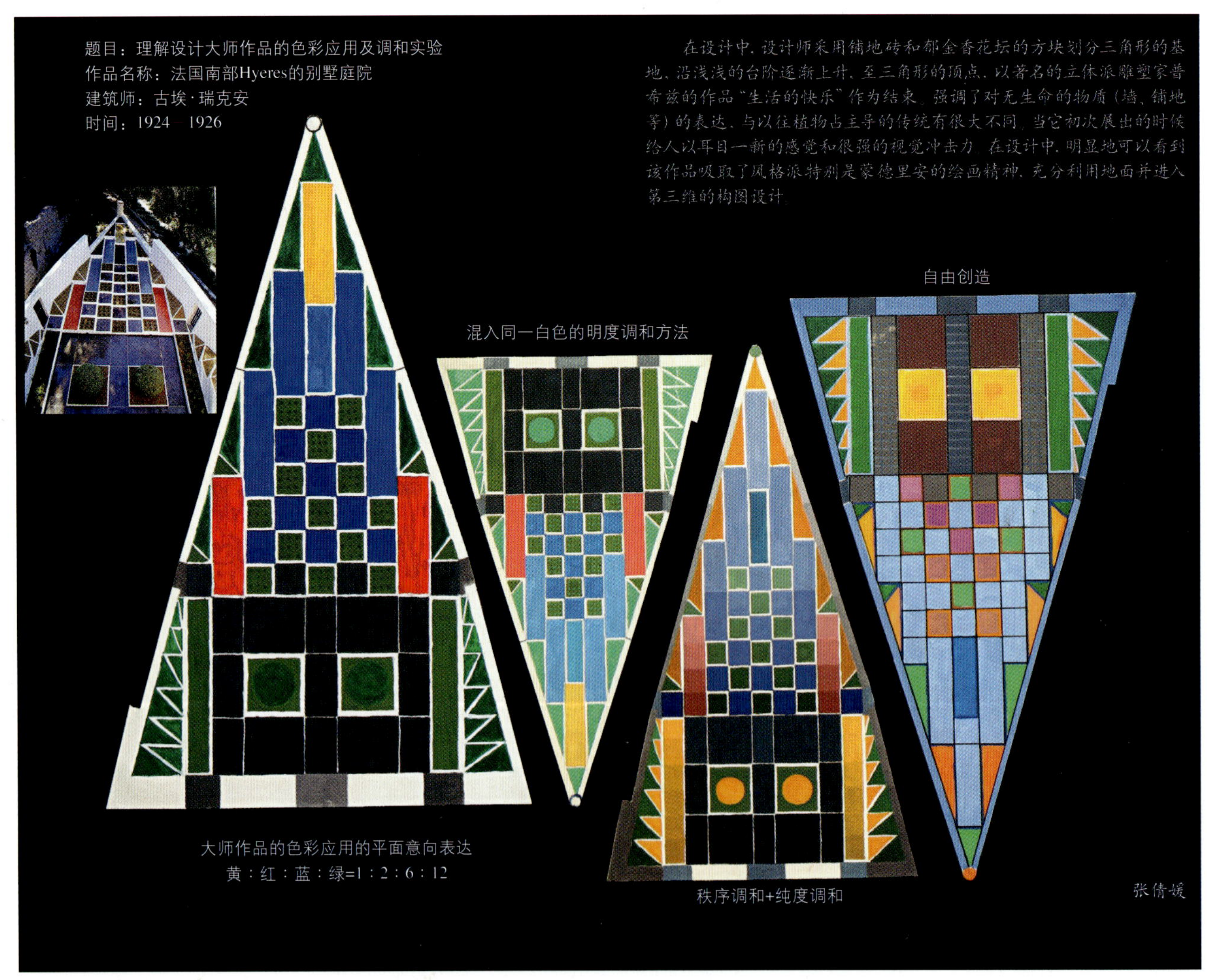

图4-14　理解设计大师作品的色彩应用及调和实验（1）（学生作品）

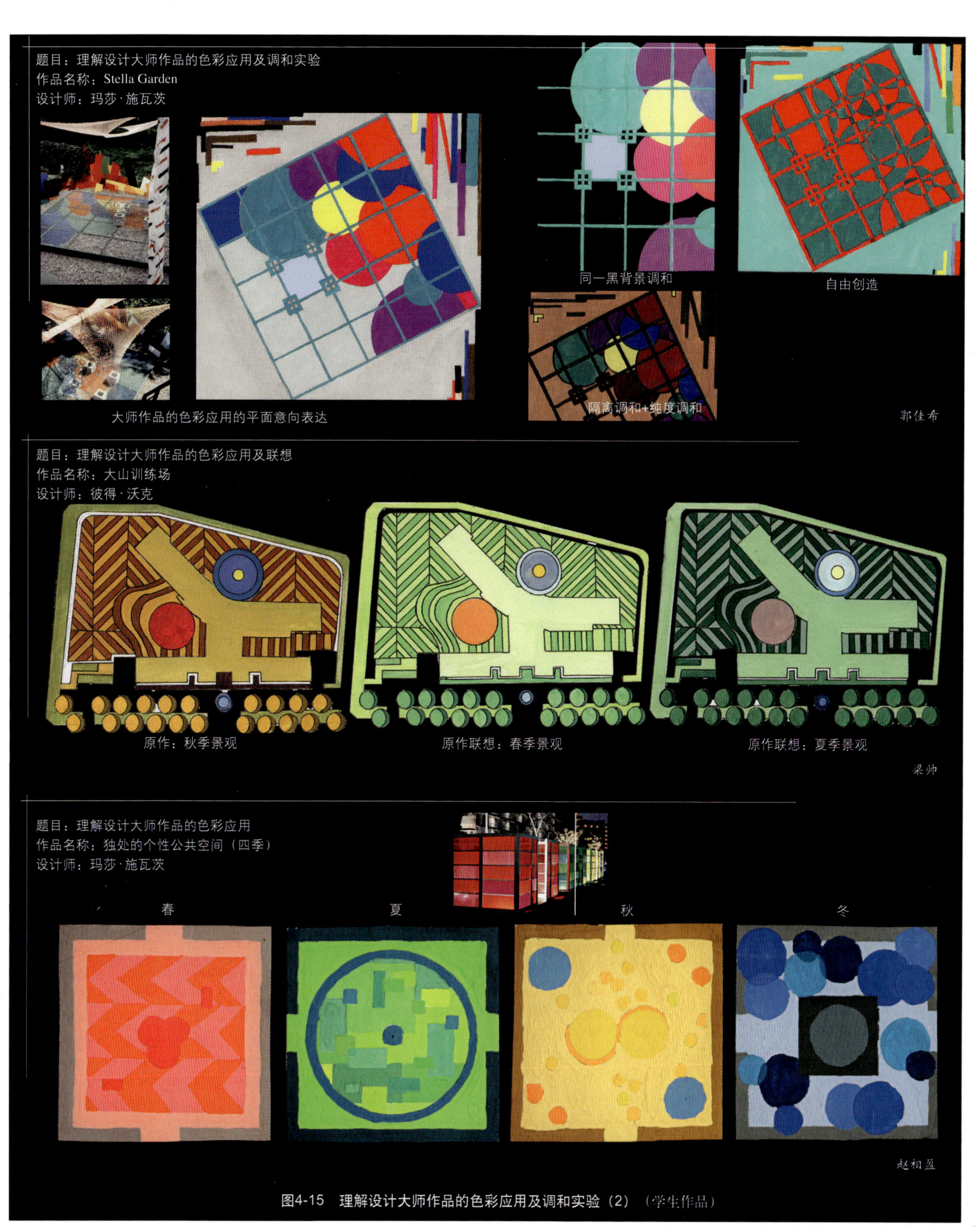

图4-15 理解设计大师作品的色彩应用及调和实验（2）（学生作品）

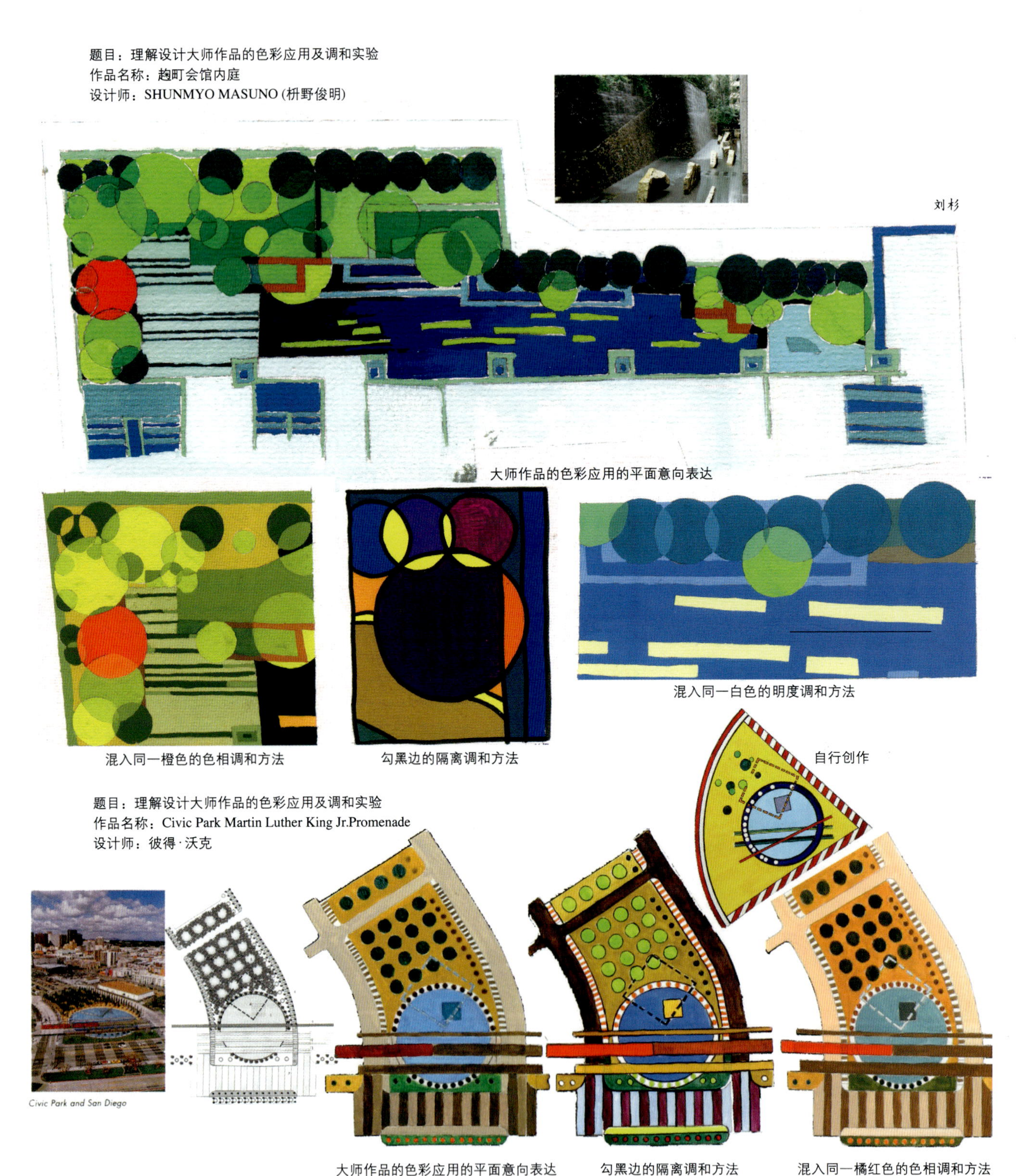

图4-16　理解设计大师作品的色彩应用及调和实验（3）（学生作品）

图4-17 理解设计大师作品的色彩应用及调和实验（4）（学生作品）

图4-18　理解设计大师作品的色彩应用及调和实验（5）（学生作品）

第5章 色彩的联想、情感表述与构成规律

研究色彩的联想与精神表述，有助于在设计时根据设计应用的场合和针对的人群状况选择适当的色彩，从而与设计所承载的功能相符合，让设计符合人们心理，产生有特色的情调。

色彩的联想是色彩与具体事物的关联性，色彩的精神表述则是色彩诱发人们某种观念的力量。大部分色彩在世界范围内有共同的联想和精神表述，但也有些色彩的联想和精神表述会因文化、地域环境等的影响产生很大差异。我们既要了解两者的共性，又不能忽略其差异。

在本章中，需先了解常见色彩与具体事物之间的联想，并以色彩与四季的联想这一课题为例进行具体探究；接着分析色彩的精神表述，进一步抽象色彩带给我们的感觉；然后有针对性地研究地域对色彩的影响，即色彩地理学方面的内容；最后通过色彩实验的方法来加深对内容的理解。

5.1 色彩联想与空间想象

5.1.1 色彩联想

所谓色彩联想，是指因视觉感受到的色彩引发各方位感官的刺激，从而带动思维产生联想。就如康定斯基所说：“强烈的黄色给人的感觉就像尖锐的小号的音色；浅蓝色的感觉像长笛；深蓝色随着浓度的增加，就像低音提琴到大提琴的音响效果。”然而，色彩联想受性别、年龄、籍贯、生活背景、经历、心境、时代、民族、宗教等的影响而存在差异。同样是看到秋天的红枫叶，随观者的心境不同，可能发出“停车坐爱枫林晚，霜叶红于二月花”的赞叹，也可能产生“晓来谁染霜林醉，总是离人泪”的唏嘘。

了解色彩的各种联想意义，有助于在设计时根据设计应用的场合和针对的人群状况选择适当的色彩，从而与设计所承载的功能相符合。下文将对色相环上几个基本色相和无彩色进行深入的讨论。

（1）红色

色光效果　在可见光谱中，红色光谱最长，穿透空气时形成的折射角最小，在空气中辐射的直线距离较远，在视网膜上的成像位置最深，给视觉以迫近感与扩张感。

混色效果　在颜料中，红色有着丰富的变调手段，混入色相环上的橙、紫色，都能得到丰富的色相变化关系，而且不失红色的独特性。

心理感觉　看到红色，心脏的跳动会加快，据说是由于荷尔蒙中的某一种物质分泌增多，使人感觉温暖的缘故。通常红色是让人感觉火热、兴奋、充满力量的颜色。此外，红色也是婴儿出生后首先能够辨认的颜色。

具体联想　红色令人联想到太阳、火焰、红旗、月季、红豆、血液等事物。

抽象联想　热情、喜庆、爱情、革命、吉祥、力量、决心、胜利、危险、野蛮等。由于红色最能引人注目，常作为紧急提示的用色，如交通管理的禁行灯、汽车刹车灯、仪器设备的警示灯等。另外，由于民族文化的差异，在中国，人们自古以来就崇尚红色，它象征喜庆、生命、幸福，凡是吉庆的事情譬如逢年过节、结婚喜宴，都要大量使用红色。而在西方，则表示圣餐和祭奠、危险。深红色意味着嫉妒、暴虐，粉红色则表示健康。

图5-1　红色主题的设计应用

红色主题的设计应用　如图5-1所示。

（2）橙色

色光效果　在可见光谱中，橙色光的波长仅次于红色光，由于其亮度高于红色光，给人明亮、耀眼的视觉感受，很具光感。

混色效果　高纯度的橙色是最活泼最光辉的色彩，但需要偏冷、深沉的蓝色才能充分发挥它那太阳般的光辉。但如果改变它的明度关系，马上也失去其生动的特征：加白后给人苍白无力感；加灰后接近土地的颜色，能产生平静、温暖的亲切气氛；加黑后变成干瘪的褐色，犹如枯枝败叶。

心理感觉　橙色是介于红与黄之间的色彩，既有黄色的活泼，又有红色的热情，显得健康而亲切。许多可口、香甜的水果蔬菜都是橙色的，因此橙色有可食用的、美味的感觉。

具体联想　橙色令人联想到橘子、南瓜、杧果、柿子、玉米、胡萝卜等，低纯度的橙色令人联想到土地、土壤、树皮、茶、巧克力、咖啡、骆驼、肌肤、坚果的果实等。

抽象联想　高纯度的橙色让人联想到绚丽、阳光、活泼、美味、健康、快乐、嫉妒、疑惑等；中纯度的橙色令人感到安慰与放松。

橙色主题的设计应用　如图5-2所示。

（3）黄色

色光效果　在可见光谱中，黄色的波长偏中位，但是光感最强，明亮而具有尖锐感和扩张感，然而缺乏深度。

图5-2　橙色主题的设计应用

混色效果　黄色是颜料中很敏感的色料，一旦混入其他颜色，其色相、纯度很容易被改变，特别是混入黑色、灰色或紫色，其明度立刻被降低，混入少量的黑将转化成灰绿色。

心理感觉　黄色是洋溢喜悦与轻快的色彩，仿佛春天的花蕾，给人由内向外蓬勃生命力的心理感受。当它与黑色搭配时，很容易想到自然界的蜜蜂与毒蛇毒蛙，通常会传达出警告、危险和个性的信号。

具体联想　黄色能令人联想到向日葵、柠檬、油菜花、黄金、黄土地等，代表着旺盛的生命力、财富、权贵等。

抽象联想　富有、欢乐、辉煌、希望、光明、发展、快活、轻薄、猜疑、优柔等的抽象联想。但从传统习惯上看，在东方，黄色象征崇高、光辉、壮丽；在欧美，象征卑劣、绝望，是最下等的色彩；在伊斯兰教中则象征死亡。

黄色主题的设计应用　如图5-3所示。

（4）绿色

色光效果　在可见光谱中，绿色光的波长居中位，其光波的微差辨别力最强，是人的眼睛最能适应的光谱色，是能使人眼睛得到休息的色光。

混色效果　绿色的混色领域很丰富，变化很微妙。绿色混入色相环上相邻的黄色或蓝色，可以产生黄绿色基调或青绿色基调。其中黄绿色显得单纯而年轻，是果实将熟未熟时酸酸的色彩，是新发的嫩叶新鲜的色彩；青绿色则显得清秀豁达，令人联想起成片的竹林松涛。当明亮的绿色减低明度时，则显出悲伤衰退的情调。

心理感觉　绿色是大自然中最常见的色彩，绿色还能消除人的视觉疲劳，并给人放松的感觉，是人类所喜欢且乐于接受的色彩。

图5-3 黄色主题的设计应用

具体联想　绿色令人联想到绿地、叶片、森林、草原、春天等。

抽象联想　象征着和平、希望、生命、宽容、理想、青春、安全、健康、舒适等。它向人们暗示春的活力、和平的期待、安全的意识。因此，在现代生活中人们追求绿色食品、绿色材料、绿色生活。

绿色主题的设计应用　如图5-4所示。

图5-4 绿色主题的设计应用

（5）蓝色

色光效果　在可见光谱中，蓝色光的波长比紫色光略长一些，穿透空气时形成的折射角度最大，在空气中的辐射距离最短，常用于表达一种透明的气氛。它在视网膜上成像的位置最浅，能表现空间的深远感。

混色效果　蓝色自身的变调最为丰富，从孔雀蓝、湖蓝、钴蓝到群青可看出其自身色彩的丰富性。蓝色加黑形成的暗蓝色是种带忧郁感的色彩，显得内敛、冷峻、消沉；加白或与白搭配的蓝则显得明朗清爽；偏绿的蓝色则显得含混暧昧。

心理感觉　蓝色是大多数人最喜欢的颜色，令人联想起广阔的天空和浩瀚的海洋以及变幻莫测、无边无界的宇宙，给人宁静舒缓、高深莫测、令人遐想之感，有种永恒、理智、深邃的意味。但英文里蓝色（blue）有忧郁的意思。

具体联想　蓝天、大海、宇宙、水、玻璃等。

抽象联想　象征永恒和理智。明亮的蓝色象征理想、自立和希望；暗蓝色象征忧郁、寂寞、忠诚。由于蓝色还有睿智、高效、高科技的感觉，常被企业用作标志色。

蓝色主题的设计应用　如图5-5所示。

图5-5　蓝色主题的设计应用

图5-6 紫色主题的设计应用

(6) 紫色

色光效果 在可见光谱中，紫色光的波长最短，人眼对紫色光的细微变化的分辨力弱，觉察度最低，所以紫色光是神秘的、令人印象深刻的，但略显沉闷。

混色效果 紫色加入白色获得淡紫色，有女性化、柔美优雅的感觉。偏红的紫色表现神圣的爱情，但纯度较高，则显得很刺眼，难以调和；而纯度较低的情况下，偏红的紫色也是女性化的感觉，显得甜美娇嫩。而偏蓝的紫色如果明度很低，则会有神秘、恐怖、不安的感觉。

心理感觉 曾经由于提取紫色染料的技术复杂、原料也难以获得（提取1克紫色染料需要2000只紫贝壳），只有王公贵族才能享受，因而具有高贵感。紫色是所有彩色中明度最低的色彩，有沉着优雅的感觉，但显孤傲消极。

具体联想 紫色能令人联想到薰衣草、紫罗兰、紫丁香等优雅迷人散发香气的花朵。

抽象联想 象征高贵、雅致、神秘、优雅、严谨、阴沉、不幸等。

紫色主题的设计应用 如图5-6所示。

(7) 白色、灰色、黑色

光感效果 正常情况下，在晴朗的白天，人眼睛所体会到的自然光源都是白色光（只有通过三棱镜我们才会看到其他光谱色）；而在雾蒙蒙的白天，大气的雾气弱化自然光源的强度，显示灰色基调；到了晚上，无自然光源（月光除外），到处都是黑色。

混色效果 白色提高明度，灰色减低纯度，黑色减低明度。作为无彩色系，白、灰、黑是百搭的色彩，其中灰色没有强烈的个性，与彩色系的色彩并存时很少作为主角存在，而是常用作降

图5-7　白色、灰色、黑色主题设计

低整个画面的纯度，调和过于鲜艳的色彩，灰色的使用还能为配色带来时尚的感觉，尤其是金属感的银灰色。

心理感觉　白色是人们喜爱的颜色，生活中见到洁白的事物或景象，使人感觉处于清新洁净的环境之中，让人联想到天堂；纯粹的灰色有一些失望、压抑的感觉，就像灰云密布的阴天，但并非激烈的绝望，亮灰色给人宁静、高雅的印象，暗灰色则给人带来朴素、孤寂的感受；黑色使人感觉仿佛一切处于停止状态——“一片漆黑”，表现静止、失望、恐怖、封闭。

具体联想　白色令人联想到雪、云朵、牛奶、婚纱、茉莉花、栀子花、白兔等；灰色令人联想到烟雾、大象、老鼠、灰尘、水泥地面等；黑色令人联想到乌鸦、黑夜、黑墨、煤、恶魔等。

抽象联想　白色象征光明、洁净、清白、纯真而神圣，在中国大都表现为与丧事有关，而在欧洲则表现为喜事或神圣的天国；灰色象征朦胧、暧昧、柔弱而寂寞。黑色一方面让人产生肃穆、庄重、冷酷、高贵之感，联想到正式场合的西装、钢琴、高级轿车等；另一方面又有黑暗、恐怖、压抑的感觉，令人联想到夜晚、死亡、地狱、罪恶等。

白色、灰色、黑色主题的设计应用　如图5-7所示。

5.1.2　四季色彩的抽取与联想

春赏百花秋望月，夏有凉风冬听雪。四季变迁能带给人们不同的季相变化和心理感受。

春天如果只用一种色彩来表示，大部分人想到的是绿色。春天是万物复苏的季节，也是百花盛开的季节。“草长莺飞二月天，拂堤杨柳醉春烟。”粉桃夭夭，迎春连翘黄遍，草木生出黄绿色、嫩绿色的新芽，世界变得明媚清亮。

夏天给人的色彩印象稍微奇妙一些。虽然夏天炎热、阳光刺眼，但人们在提到夏天的时候却常常想到蓝色。因为夏天人们都向往蓝天碧海、椰林树影、水清沙幼的避暑胜地，向往让人觉得清凉的蓝色。夏天还有荷叶亭亭，树冠如盖，“花褪残红青杏小”“绿树荫浓夏日长，楼台倒影入池塘。水晶帘动微风起，满架蔷薇一院香。”比起春天，夏天的花瓣与树叶的色彩要浓一些。

“碧云天，黄叶地，秋色连波，波上寒烟翠。”秋高气爽之时，天空湛蓝，天高云淡果实成熟，谷物呈现出收获的金黄色，草木开始变成深褐色并逐渐枯萎。黄色是秋天大自然的主要色彩，枫叶转红，金菊盛放。中秋的明月也是金黄的，令人感觉团圆美满。

一提到冬天，首先想到的景色一般都是白色的雪景。在白雪的覆盖中，世界银装素裹，一切被

图5-8　四季的景色

抹上灰扑扑的调子，一片沉寂，在沉寂之下则酝酿着来年的新生。冬天大部分的草木凋敝，呈现深褐色。“岁寒三友”——青松、翠竹、红梅在冬天则呈现出相对鲜艳的色彩。

我们可以根据四季的景色（图5-8）抽象出四季的色彩（图5-9）。当我们进一步向下观察时，还会发现时光与景色变迁的微妙关系。图5-10就是从二十四节气中选择12个比较有代表性的节气，并进行色彩抽象的案例。

我们还可以进行进一步分析，选择同一地理位置（或同一场景）的12个代表性（初春、中春、晚春、初夏、中夏、晚夏、初秋、中秋、晚秋、初冬、中冬、晚冬）的季相变化，详细地体会其中的微妙差别（图5-11至图5-14）。

图5-9 抽象四季的色彩（学生作品）秦崇芬

图5-10 十二节气的色彩抽象（学生作品）周详

初春（孟春）

中春（仲春）

晚春（季春）

初夏（孟夏）

中夏（仲夏）

晚夏（季夏）

图5-11　十二季相的杭州景象（1）（学生作品）《醉爱·杭州》吕回

1. 初春，于曲院风荷公园

万物复苏，新芽初露，整个世界从冬季的淡雅中活泼起来。

2. 中春，于植物园

玉兰、桃花、樱花争相开放，奏起粉、绿、红的民谣。

3. 晚春，于太子湾公园

太子湾以缤纷的郁金香闻名，晚春正是郁金香盛开的时节，这也预示浓情夏季的来临。

4. 初夏，于西湖北部水域

“小荷才露尖尖角，早有蜻蜓立上头”的绝妙趣味和红绿的和谐构成。

5. 中夏，于白堤一带

莲叶接天，视线中充满浓郁而成熟的绿色，给人以春色的享受。

6. 晚夏，于西溪湿地

天气已不再炎热难耐，树木芳容已尽，绿色开始略显衰气，但这一切还并未结束。

7. 初秋，于西溪湿地

湿地展现出树木变化的色彩，大红与深绿对比体现自然无限创造力。

8. 中秋，于杨公堤一带

水杉斑驳色彩，努力施展着一年中最后的风姿，装点每一点土地。

9. 晚秋，于郭庄一带

悬铃木变色落叶，世界在它的画笔下显现出金黄与暖黄的和谐韵律和平衡色调。

10. 初冬，于西里湖

黄叶、残荷，黯然落寞的基调，告诉人们寒冷的悄然来临。

11. 中冬，于乌龟潭

小雪、倒影、枯枝，映出冬季特有的素雅，世界安详、平静。

12. 晚冬，于花港一带

大雪过后一切似乎灵动起来，雪中的两名红衣小孩开心地打着雪仗，气氛平稳又不失灵动。

初秋（孟秋）

初冬（孟冬）

中秋（仲秋）

中冬（仲冬）

晚秋（季秋）

晚冬（季冬）

图5-12　十二季相的杭州景象（2）（学生作品）《醉爱·杭州》吕回

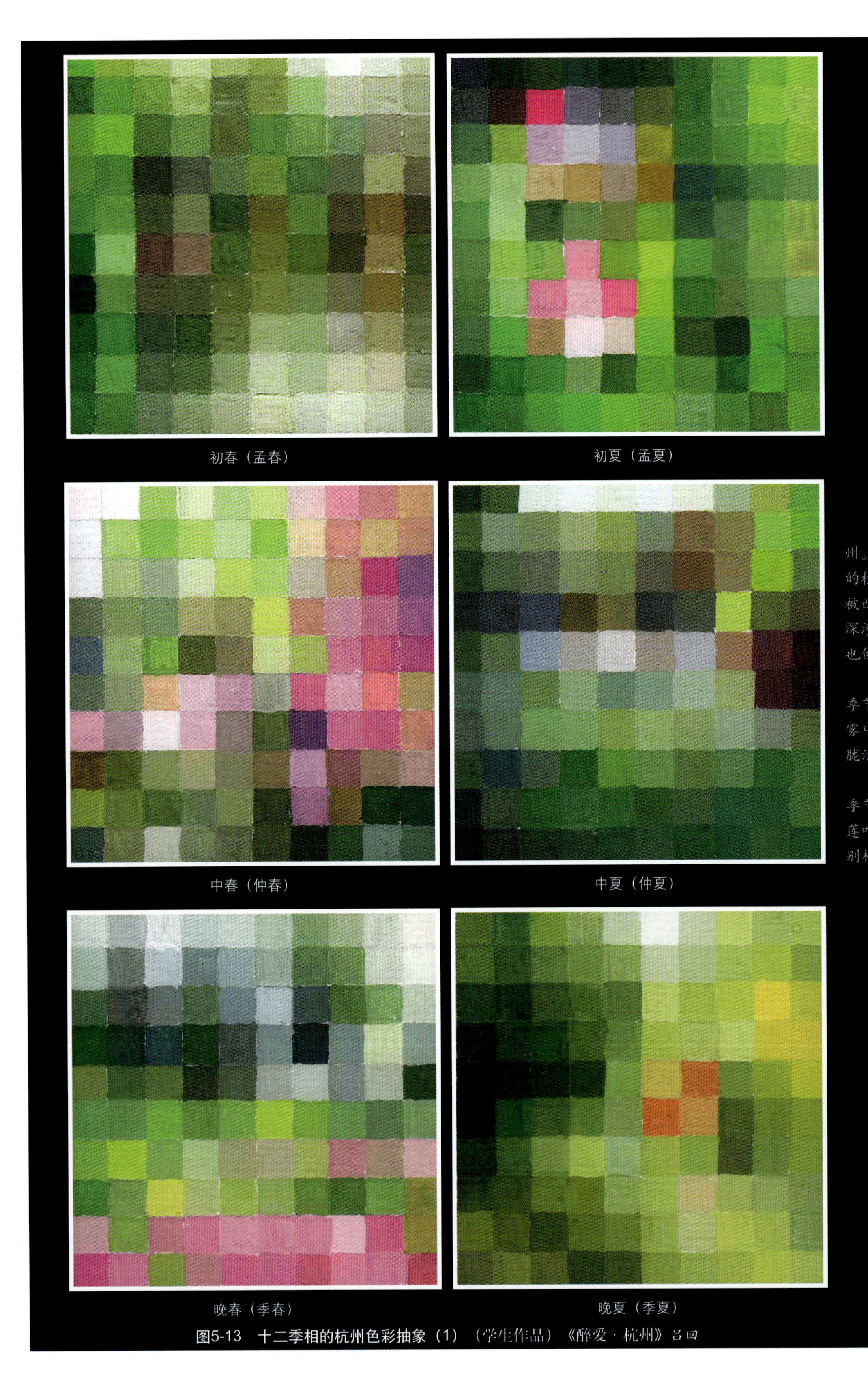

图5-13 十二季相的杭州色彩抽象（1）（学生作品）《醉爱·杭州》吕回

江南忆，最忆是杭州。作为一名土生土长的杭州人，我的视野已被西子湖的四季美景深深渗透，画面中的故事也便由此慢慢展开。

春季是江南多雨的季节，一切笼罩在雨中雾中，山水间给人以朦胧清新的美感。

夏季是西湖最美的季节，自古便有“接天莲叶无穷碧，映日荷花别样红”的美誉。

用分格色彩进行概括时，努力发现并抽取格中主导之色彩，通过仔细调试最终表现在纸上，每一个格都是主观概括加客观分析的结果。画面上因此没有两个完全相同的颜色。同时，绘画过程（包括选图过程）中充分考虑景物的时令性和代表性，将一连串时间相对分离的图像以季节性连续色调变化的形式表现出来，同样对原图有着高度概括且高度尊重。

秋季的西湖是多变的西湖，各种秋色叶树木争奇斗艳，煞是好看。

冬季的西湖是一年最静的西湖，少了游人，少了绿叶，展现出裸露的骨感美。

初秋（孟秋）

初冬（孟冬）

中秋（仲秋）

中冬（仲冬）

晚秋（季秋）

晚冬（季冬）

图5-14 十二季相的杭州色彩抽象（2）（学生作品）《醉爱 · 杭州》吕回

5.2 色彩的情感表述

康定斯基在《论艺术的精神》中说：“色彩直接影响着精神。”

色彩作用于人的眼睛，与音乐作用于人的耳朵一样，会引发人本能的心理及情感反应，这种反应，让人觉得色彩是有性格、有情感的，这就是色彩的情感联想。然而，色彩的感觉是具体而复杂的。因为人类的精神活动是多因素的，文化背景、社会环境、宗教信仰、生活经历、个人气质、情感波动等都会对色彩感觉产生影响，所以无法准确地整理出其内在的规律。但由于人类生理构造和生活环境等方面存在着共性，运用色彩的抽象语言进行精神表述有其一定的共性规律。

5.2.1 色彩的情感

（1）色彩的冷暖

色彩的冷暖感一般与色相有关。色相环上大致可以分成冷色和暖色两个半环（图5-15）。

冷色系中蓝、青、蓝紫色使人联想到大海、晴空、清泉、雪山等，给人以沉稳、冷峻、凉爽、深远的印象，让人心绪稳定。暖色系中红、橙、黄色使人联想到月季、火焰、太阳等，给人以愉快、鲜艳、热闹、动感等印象。而黄绿、绿、紫等没有明显的冷暖感，在暖色系中显冷调，在冷色系中则显暖调，称为中间色系。

色彩的冷暖是相对而不是绝对的，与色彩和周围环境形成对比关系。两种色彩对比能产生冷暖的相对感受。当橙色相遇红色，橙色则变成了相对的冷；当橙色相遇黄色，橙色则变成了相对的暖，等等（图5-16）。

图5-15 色彩的冷暖

图5-16　色彩冷暖与对比有关

色彩的冷暖与色彩的明度、纯度和肌理的变化也有关系。

加白提高明度可令色彩变冷，加黑降低明度可令色彩变暖。深色的物体反射的光线少吸收能量多，浅色物体反射光线多吸收能量少，人们夏天喜欢穿浅色衣服保持凉爽就是这个道理。无彩色系中白色有冷感，黑色有暖感，灰色属中性，也是一样的道理。

纯度高的色彩比纯度低的色要暖一些，好比色彩斑斓的晴天、夏天比灰蒙蒙的阴天、冬天感觉暖和。

表面光滑的色块倾向于冷，粗糙的色块倾向于暖。像冰块、玉石、金属表面等光滑物体的触感通常是凉的，毛呢、树皮等粗糙物体的触感则要相对温暖一些。

（2）色彩的轻柔感与厚重感

色彩的轻柔感与厚重感一般由明度决定，明度越高感觉越轻且柔，明度越低感觉越重且硬。白色最轻最柔，黑色最重最硬。轻而明亮的色彩给人一种柔软、安静的感觉，就像云朵淡淡飘过；重而暗淡的色彩会让人感觉硬、厚重，就像铅球的一样。

（3）色彩的华丽感与朴素感

色彩的华丽感与朴素感主要来自色相的变化，其次是纯度与明度的变化。暖色和鲜艳而明亮的色彩具有华丽感，冷色和浑浊而灰暗的色彩具有朴素感。色彩的华丽感与朴素感和色彩的组合也有关系，对比色的组合最具华丽感，其次是互补色的组合。

（4）色彩的明快感与忧郁感

色彩的明快感和忧郁感主要来自纯度和明度的变化。明度高而鲜艳的色彩具有明快感，深暗而浑浊的色彩具有忧郁感；低明度基调的配色易产生忧郁感，高明度基调的配色易产生明快感。色彩的组合也能影响色彩的明快感与忧郁感，强对比色调具有明快感，弱对比色调具有忧郁感。

（5）色彩的兴奋感与沉静感

色彩的兴奋感与沉静感和色彩三属性都有关，其中纯度的作用最为明显。暖色系，明度高、纯度高的色彩具有兴奋感；冷色系，明度低、纯度低的色彩具有沉静感。因此，暖色系中明度与纯度高的色彩兴奋感最强，冷色系中明度与纯度低的色彩最有沉静感。

（6）色彩的主动感与被动感

色彩的主动感和被动感主要来自色相的变化。歌德把色彩分为主动和被动两大类，他认为主动

图5-17　色彩的情感联想

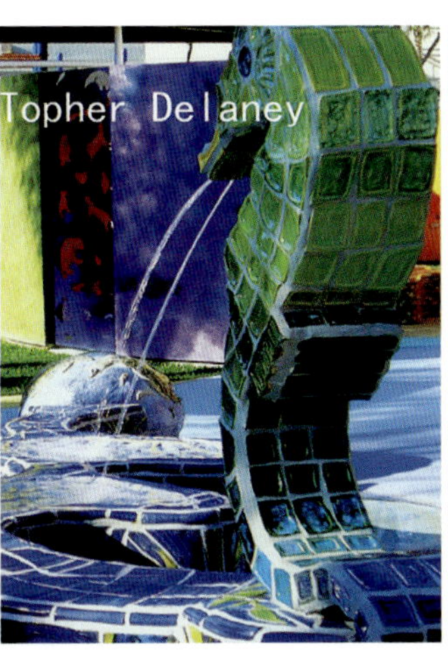

温暖感与凉爽感

轻柔感与厚重感

华丽感与朴素感

明快感与忧郁感

兴奋感与沉静感

主动感与被动感

图5-18 色彩情感联想的表述

的色彩（红、黄、橙）能产生一种积极的、有生命力的努力和进取作用；而被动的色彩（蓝紫、蓝等）则适合表现那种不安的、温柔的、向往的情感。

色彩的情感所表现的抽象构成如图5-17所示。

5.2.2 色彩情感的空间表述

色彩的调子和音乐的音符一样，结构非常细密，它们能够唤起灵魂里各种感情，这些感情极为细腻。在此通过抽象的色彩组合，以更整体的倾向性或产生的对比象征抽象精神，强调既要了解人类心理感觉的共性规律，又不局限于一般化表达，要尊重自身独有的微妙感觉。

在学习中，要善于将知识点进行转换，与自然景观的不同景象进行联想或与优秀设计作品产生共鸣。就像写生一样，时刻把色彩的情感联想记录下来，加以整理，以便对色彩情感的表述更为准确而到位（图5-18）。

5.3 色彩的布局与构成规律

“缺乏视觉的准确性和没有感情力量的象征，将是一种贫乏的形式主义；缺乏象征的真实和没有情感能力的视觉印象，将只能是平凡的模仿和自然主义；而缺乏结构上象征性或视觉力量的感情效果，也只会被局限在空泛的感情表现上。”——伊顿

各种色彩在空间位置上的相互关系必须是有机的组合，给人美的感受，展现生命的活力与节奏。因此，除了捕捉客观事物的色彩对视觉、心理所造成的印象，还要理解色彩表现的基本原理、对比与调和、情感联想，并将对象的色彩从它们限定的状态中解放出来，使之具有一定的表现力。在此基础上，给予相应的主题布局、赋予色彩构成的规律成为表现生命变化的色彩手段。

5.3.1 色彩的结构布局

美的色彩结构是美好形态的表现形式，它既独立于内容又直接关系到内容的表现效果。色彩结构中包含着一种内在的性质，它体现在色彩自身的关系之中，主要是色彩的选择和匹配，而色彩间的张力，空间的位置、方向、面积等决定着最终的表现效果。

在进行结构布局时，必须了解图底关系，也就是图形色和背景色的关系。随设计主题的变化，图底关系可以无限种形式出现，但大体遵循以下规律：明度和色相对比，图形色选择色相明确、高明度的色彩，背景则取低明度、低纯度的色彩；面积对比，图形色彩面积宜小，背景色彩面积宜大；复杂性对比，图形色可以丰富多彩，背景色则相对单纯、简单。同时还要控制好整体基调色，以更好地为主题服务。

“五彩彰施，必有主色，它色附之”。在此基础上，把参与色彩结构布局的色彩归纳为五类：主色、副色、调剂色、透气色、平衡色（图5-19）。

（1） 主色

为表达的主体对象，主色需吻合主题的要求。主色一般多用在重要的主体部分，以增强对观者的吸引力。俗话说“红花还需绿叶扶”，主色的力量应由副色烘托而出。主色面积一般占画面的1/3左右，多为华丽的色彩。

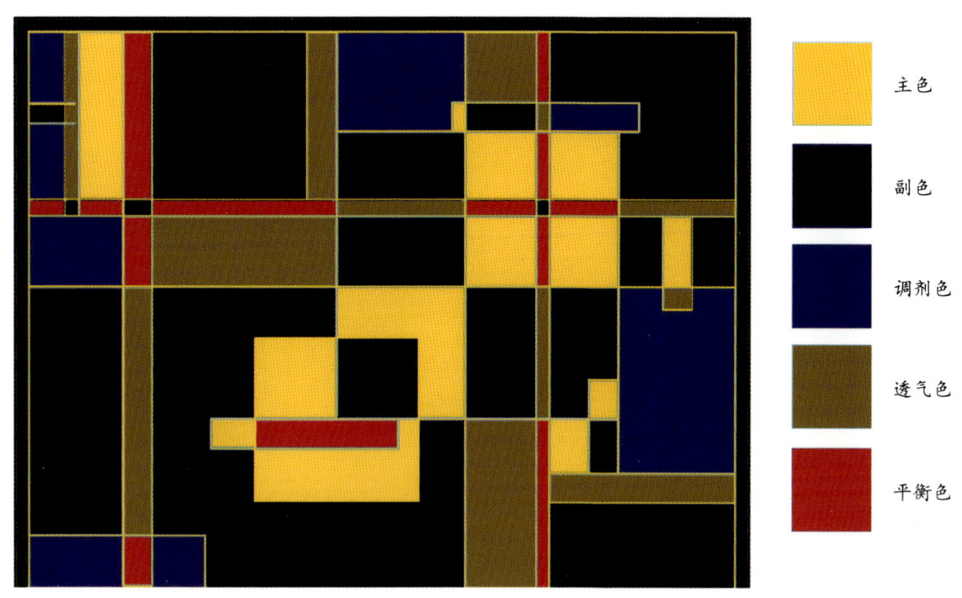

图5-19 色彩的结构布局

（2）副色

副色为辅佐主色的对象，也可称背景色。为衬托主色，副色的选择多为与主色相对的色相，但更重要的是要根据画面的整体基调色选择副色的色相，再通过明度、纯度的对比拉开主色与副色的对比关系。副色的面积要依据主题来定，一般占画面的1/3或1/4。

（3）调剂色

调剂色目的是丰富主色和副色之间的关系。要么取主色与副色的过渡色，要么偏向主色或副色。其明度和纯度的关系要依据画面的整体基调而定。调剂色的面积一般小于画面的1/5。

（4）透气色

透气色目的是避免画面沉闷，一般选择靠近主色的中性色，纯度要很低，而明度和面积，则要依据主题的要求决定。

（5）平衡色

平衡色的目的是达到整体配色的视觉心理平衡。色相多为主色的补色的复色，其明度和纯度则要依据主题而定，所占的面积比也较小，不超过画面的1/10。

5.3.2 色彩的构成规律

色彩构成的最终目的是通过色彩的组织达到视觉的感情效果，除以上所讨论的因素以外，还需要遵循一定的构成规律，才能很好地、灵活地使用。

（1）色彩的平衡

色彩的平衡，其原理与力学上的杠杆原理颇相似，但其更注重视觉上所感受到的色彩作用力的平衡感，如从色彩的强弱关系、面积的比例分配、色彩的轻重感、质感等来判断其视觉的平衡。

一般来说，暖色和纯色比冷色和低纯度色面积小，容易平衡。当明度接近时，纯度高的色彩比纯度低的色彩面积小，容易取得平衡。

明亮的色彩在上，暗色的色彩在下，与视觉习惯相吻合；如果把这两种色彩关系倒置，将产生特殊的效果。

补色对比的构成是视觉心理平衡的一种重要手段，它是一种对立倾向的综合表现，很有戏剧性，用拉大画面的紧张感来达到视觉的整体平衡。但如遇特殊的面积要求，使之难以平衡时，也可以通过改变明度、纯度或隔离调和等方法来达到视觉的平衡。

在色彩平衡中，必须注意：构图中不一定色重就是量重，均衡是视觉力的均衡，而不是对称，是画面平衡的博弈，一边多、一边少，一边疏、一边密，一边大、一边小。这就是大小对比、疏密对比、轻重对比、虚实对比、动静对比、高低对比、形状对比、远近对比、灰艳对比、冷暖对比、明暗对比，这就是动感。

（2）色彩的基调色

整体色彩反映出的色彩为色彩的基调色。画面所展示的各种情感，或温暖、或寒冷、或清凉、或生动，都是色彩间的共性所产生的基调色，是设计主题明确后要最先考虑的。色彩的整体基调色是由参与配色色彩的色相、明度、纯度、面积关系决定的，具体可详见5.2“色彩的情感表述”。

（3）色彩的强调

在统一的基调色中，可以适当地改变一个视觉的特异点，让它形成强烈的对比关系，以弥补画面的贫乏单调之感，起到“画龙点睛”的作用。这个特异点能使整体画面产生一种紧张感，强调的部分会贯穿于整体，并形成视觉的焦点或重点。强调的效果和对比的关系密切相关，色彩的明与暗、冷与暖、大与小、轻与重、鲜与浊等的对比形式，都能以适当的面积比例构成画面中的整体强调。综上所述，色彩的强调的重点为以下三点：一是强调的特异点面积要小，位置需放在能形成视觉焦点的地方；二是强调色需要与整体基调色形成强烈的对比；三是强调色的位置与比例关系需要考虑画面的整体平衡。

同时，为了避免强调色的孤立，可适当地增加相呼应的色彩元素，打破突兀、僵化的局面。

（4）色彩的节奏

通过色相、明度、纯度等的渐变或重复而产生的韵律为色彩的节奏。它取决于形态组织的和谐均衡和色彩自身的旋律，一般色彩的节奏分为两种：渐变的节奏和重复的节奏。

渐变的节奏是将色相、明度、纯度等据一定秩序呈现逐渐递增或递减的变化，详见2.5“色彩属性实验”。

重复的节奏是将色相、明度、纯度等变化做多次的重复，从而造成一种具有动势的视觉感受（见图4-13右）。

5.4 区域景观色彩的研究

众所周知，“一方水土养育一方人”。同样在色彩领域存在一样的道理，一方水土，造就一方景致，养育一方文化，彰显一方的景观色彩特质。色彩在地理、文化背景上形成的差异性及其价值，就是所谓的“色彩地理学”。本节借鉴兰克罗的“色彩地理学”的研究方法进一步探索色彩的区域性景观特点。

区域景观色彩的研究方法是以地理学为基础，纵观不同地理位置的色彩现象。不同的地理环境直接影响了人类、人种、习俗、文化等方面的形成和发展，导致不同的色彩表现。如不同的地理条件必然造成特定形态的地域环境，形成不同的气候，从而影响栖息着的不同人种、习俗乃至文化传统的差异。因此，从特定的区域、气候、人种、习俗、文化等因素的角度考察色彩呈像，就不难发现色彩由于人的生态环境和文化氛围不同而产生不同的组合方式。

5.4.1 区域景观色彩研究原理

区域景观色彩的研究原理类似于区域地理学，是对地球表面一部分一部分地研究。在选定的地区内观察所有地理要素及其相互作用，将该地区的特征与其他地区相区别，认识处在不同地域中同类事物的差异性。侧重点在于研究每一地域中民居的色彩表现方式与景观结合的视觉效果，考察这些地域人们的色彩心理及其变化规律。

5.4.2 区域景观色彩研究对象

研究对象包括该区域所处的地域、地区，地理特征，国家所在地，民族分布以及习俗情况、都市或城镇的行政性质、历史与文化概况等，以便确认其“景观色彩的特质”。

5.4.3 区域景观色彩特质

景观色彩的特质是构成景观形象的与地理和色彩相关的一系列要素，这些要素包括地貌特征、土壤的色彩、植物、用当地材料制成的建材与建筑风格、体现在民俗上的特殊的装饰等，即此地而非彼地所特有与色彩相关的形象要素。特定的地理环境决定着特定的空间，建筑和建筑群显然是这个特定空间中的主题，而建筑的形式、材料和筑造方式，都是同这个地域的自然、人文环境紧密相连的。用作建材的材料，大都是本地区的自然材料，因此，就同当地的环境色彩有着千丝万缕的联系。用作建筑装饰材料的色彩及其装饰方式和对美的认识，也都源于这个地域所特有的传统文化，随着历史的演化而形成了独特的审美系统。这些都是直接作用于景观色彩方面的重要因素，称作“景观色彩特质”。

景观色彩特质是相对稳定的非流行色要素，它反映了特定地域中人们比较稳定的传统的色彩审美观念。但它不是一成不变的，只是其变化相对缓慢而已。

5.4.4 基本实践方法

①选址 是最重要的基础和依据，一般需要选择比较有代表性的区域。首先，把地理理想化为“色彩”的世界。至于色彩的程度，则取决于对实地的调查。选址的原则是选择地域中景观色彩要素或构成典型性强、色彩特征差异性大的地域，选择形象感强的对象，包括国家、地区、都市、街道等。

②调查 是以地图为基础，以街道色彩气氛、建筑形象为主要对象。主要内容包括都市方位、周边地理结构及形态、气候条件、街名、街史、建筑、建材、涂料、色谱、配色方式。

③测色记录 测试颜色的色度。对景观色彩有意义的颜色都要进行测试。测色方法主要是采用色谱比较，记录颜色大致的形象。

④取证 获取原始资料。取证范围包括自然物品，如当地的土壤，环境中呈现主要色彩的植

物；间接资料，如速写、摄影；当地介绍风俗的宣传物。

⑤归纳 把具有景观色彩特质的色彩以色谱的形式进行归纳。取其有代表性的，弃其杂乱无章的要素。当人们进行实地取样时，往往会取回未被整理的素材，如果不经过有效的整理，很难分清真正代表地域的景观色彩特征。

⑥ 编谱 是指把调查的色样转化成色谱的形式，然后进行分类编辑。编谱主要完成以下工作：

主要色谱 建筑主体的色谱，如墙、墙基、屋顶等主要颜色。

点缀色谱 指与主要建筑相配合的建筑体的其他因素，如门、窗、框、栏杆等。

组合色谱 指主调色谱与点缀色谱相配合的谱系。在色彩学中，所谓的“色谱”是指单色组织的系列；而“图谱”则是由多色构成的色调形式的谱系。

环境色谱 研究对象的自然背景的色谱，如不同区域天空的色彩、周边的自然环境四季变化的色彩、四季的气候条件产生的自然背景等都有很大的差异，这些差异直接影响人们的审美观和对具体色彩的应用。

⑦ 小结 综合某一区块色彩调查的结果，总结出该地域的色彩构成情况，以便认识该区域的色彩特质，为维护景观色彩特质提供现实依据，为其他项目的色彩设计提供案例。比较其他地域的差异性，引导人们学会多样性地认识自然与人文景观。

5.5 案例分析

本节以留园为例，说明园林色彩体系研究。

留园是苏州大型古典园林之一，始建于明代万历年间，为太仆寺卿徐泰时在他先人别业的基础上修建的园林，以他主持皇家建筑的经验与修为，奠定千古名园的基础。清代嘉庆初园主为刘蓉峰，并因园中多植白皮松、竹，有苍凛之感，取园名为“寒碧庄”，以景色命园名，这在苏州古园的记载中并不多。虽屡经易主和兵燹，未受到严重破坏，故名“留园”。

5.5.1 研究方法

主要采用了实地调查、文献综述研究、图像分析和统计分析等研究方法，充分运用文献研究与实证分析相结合，定性与定量研究相结合，尊重传统理念与研究创新相结合的研究手段。

5.5.2 色彩元素的采集与分析

园林色彩主要以自然为载体，涉及天空、植物、山石、水等动态的自然色彩，点缀建筑、小品、铺砖等静态的硬质景观色彩，是综合的而复杂的色彩组织体系。

（1）静态色彩

白墙 也称粉墙，除了防潮、提高反光系数等功能外，白色的墙对于以多云、阴雨天气为主的苏州城起重要的明度色调的调节作用。

青瓦 即灰黑色的瓦，也称黛瓦，受雨润后呈黛色。

青砖 主要指砖细（细砖）、砖雕类的优质青砖，是在青砖的基础上进行细致的加工打磨，使砖的表面更加光滑，细腻，棱角分明。

朱黑漆　主要对木材起装饰和防腐的作用。留园油漆主要有红褐色、朱黑和马蹄色等，由于工艺、功能、形制及修缮时间不同，形成丰富的暗红色系的变化。比如五峰仙馆和揖峰轩的色彩偏马蹄色，林泉耆硕之馆偏褐色，寒碧山庄这一区域的偏朱黑色。

还有一些园林元素采用本色，如粗结晶体的花岗石、太湖石（多为灰色，色系偏点橙色或蓝紫色）、黄石（以橙色系为主，材质较硬，各面轮廓分明并显露锋芒，色彩非常丰富）。另外，利用不规则的湖石、石板、卵石及碎砖、碎瓦、碎瓷片、碎缸片等废料进行巧妙拼组，构成各式图案的铺地，简称花街铺地，留园的花街铺地点缀色彩鲜明的碎瓷片，彰显精致、雅丽。

此外，还有一些色彩面积很小的点缀色，如匾额、楹联、太师壁、窗格、玻璃、灯饰等，它们大多处于人的主要视域中，起重要的色彩点缀作用，主要以黑、白、石青、石绿、红橙色、木本色等为主。

（2）动态色彩

天色主要由天气现象决定，苏州自然光照系数较低，光线比较柔和，天色以浅灰色为主要基调色，属于典型的阴影中的城市，物色的饱和度感知更敏感。

水本无色，但水像一面镜子倒映着上面的景色，水边景物主要以山石植物为主，点缀亭台楼榭，呈现出丰富多彩的色彩。留园中心区的水边常绿植物占了很大的比例，竖向变化比较丰富，高大植物较多，水草丰美，呈现出一潭碧水。

留园的植物种类非常丰富，大致涉及62种，包括常绿大乔木（7种）、落叶大乔木(15种)、常绿小乔木(4种)、落叶小乔木(13种)、灌木(12种)、藤本(3种)、竹类(5种)等。主要针对四季叶色与花色的固有色，加入透光度、肌理、造型的分析等。

5.5.3　整体色彩结构布局的分析

留园分中、东、北、西四部分，中部是寒碧山庄原有基础，经营最久，虽有局部改观，仍不失是全园精华所在，东北、北、西部格局大致为晚清盛康时所形成。东部多建筑，屋宇宏敞，五峰仙馆、林泉耆硕之馆等为江南厅堂的典型代表，揖峰轩玲珑曲幽，冠云等名峰耸立。西部以大假山为主，漫山枫林，亭榭参差，环以曲水，满植桃花，取武陵桃源意境。北部旧构久，今改建为盆景园。

（1）静态色彩与动态色彩的分析

对留园整体色彩结构数据进行分析，可看到园林布局中静态人造色彩与动态自然色彩的比例（图5-20）。

（2）四季中园林色彩格调的变化

根据“四季植物色彩的统计分析”得出留园四季植物色彩的规律：春季，园林的色彩主要为小乔木及花灌木的花，如海棠、桃、梅、丁香、白玉兰、木瓜、紫藤等，颜色多紫、粉、红、白色，落叶乔木的新叶呈淡黄绿色，透光性强，显得清新、有活力。夏季，园林里一片苍翠，不同明度纯度的绿色组成了同类色的对比，此时只有为数不多的荷花、紫薇、银薇等起点缀空间的作用，特别是处于水面的荷花在光影的作用下，紫、粉、白荡起人视觉心理的涟漪。秋季，留园呈现金碧辉煌的景象，色彩从金黄到红到红褐。冬季，大面积的落叶植物归于寂静，只剩下不同明度的灰色枝干，加上常绿的竹、柏、松及大面积地被植物，把建筑的粉墙黛瓦、

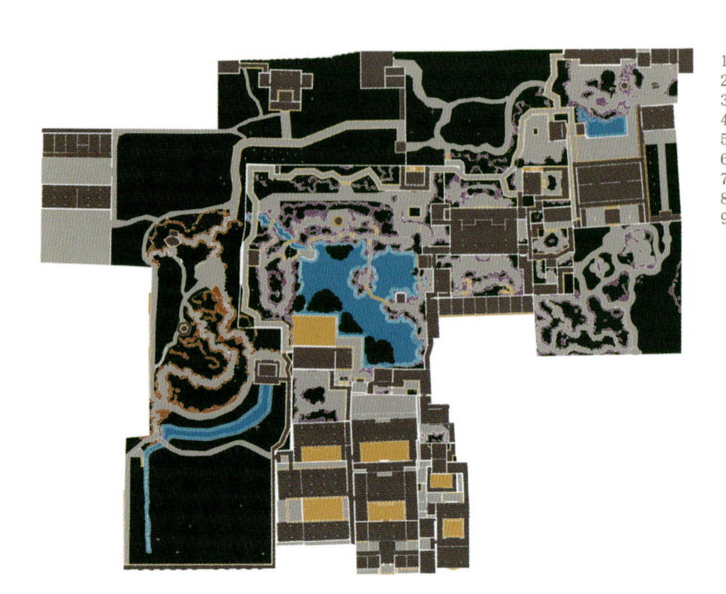

1	留园总整体结构布局的色彩数据分析					
2	结构	蒙赛尔色值编号	RGB			比例
3	台基	10YR7/6	217	168	103	0.002909
4	黄石	2.5YR5/6	173	108	77	0.011839
5	太湖石	N6	163	162	162	0.03624
6	湖水	2.5PB 5/5	185	208	212	0.045429
7	室内	N4	107	108	107	0.220205
8	花街铺地	N7	181	182	181	0.245955
9	草地	7.5GY3/4	55	81	44	0.437422

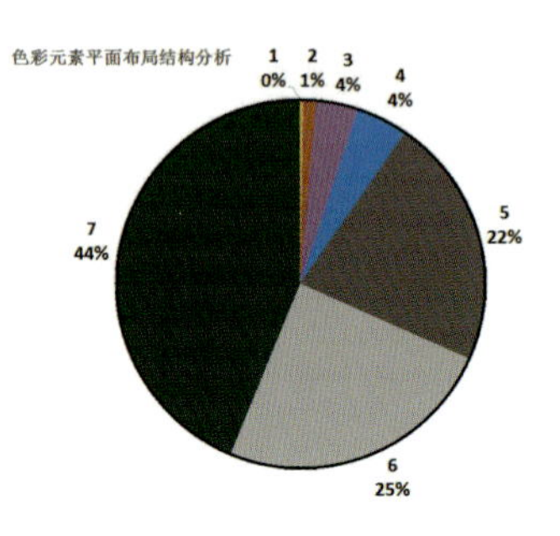

图5-20 留园整体色彩结构布局图与数据分析

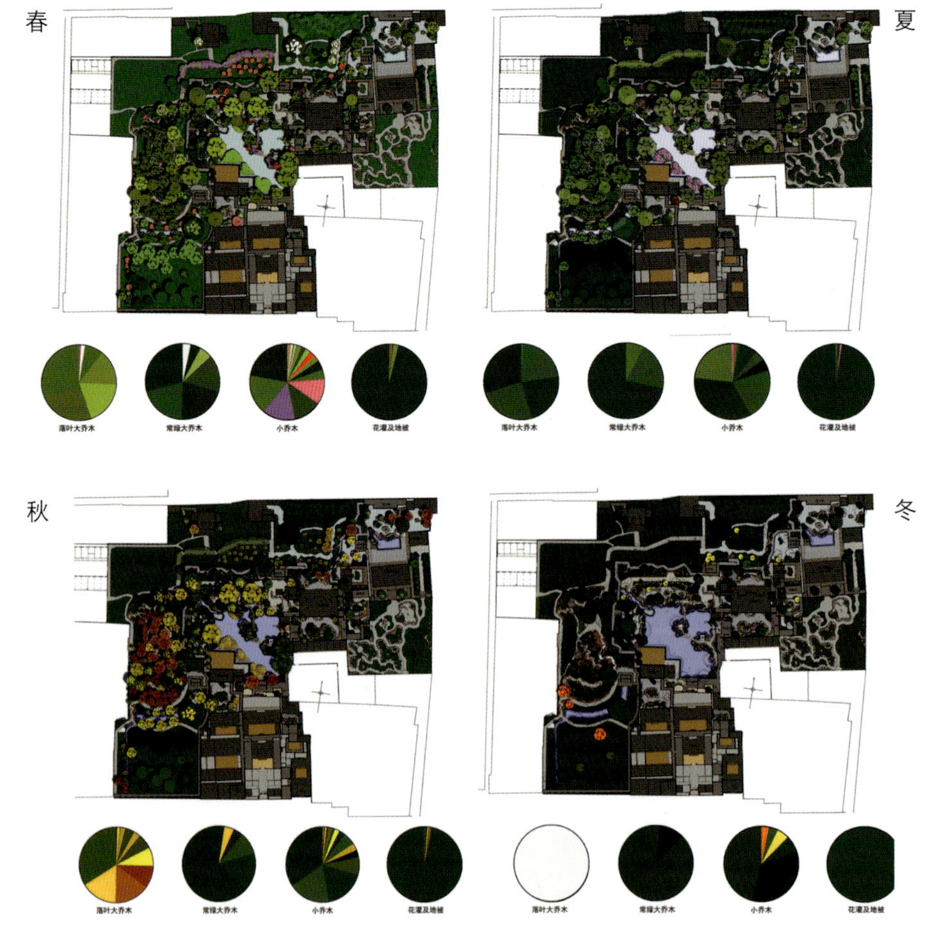

图5-21 留园四季中园林色彩格调的变化

暗红色的门窗衬托得素雅、鲜明，其中黄色的蜡梅使整体色彩空间营造出宁静而温馨的氛围（图5-21）。整体四季色彩分明，春天大面积的新绿与紫、粉、红、白等色彩纯度明度较高的色彩；夏天整体为低明度低纯度的绿色；秋天植物金碧辉煌；冬季不同明度的灰色与常绿植物把建筑映衬得素雅而温馨。

(3)绿量的统计分析

分层计算落叶大乔木、常绿大乔木、小乔木与花灌木、地被等，按投影面积与场地比算出绿量约占园地的33.71%，可见绿化量不算大，但园林色彩比例中绿色系占主要比例，大致有三点原因：第一，从植物品种及数量上分析，留园的植物常绿乔木比率较高，约占乔木总量的32%，其中松柏类有35棵、香樟4棵、桂花42棵、黄杨和山茶各7棵等；第二，大乔木的叶色透光度较高，如青枫、银杏、柳、榔榆、朴树、玉兰、梧桐、枫杨等；第三，灌木、地被、草本等常绿比例较大，几乎覆盖了大部分的绿地。

5.5.4 分区色彩结构布局分析

苏州古典园林中，大部分都有很明确的区域色彩氛围，在留园中主要分为中部山水区、西部山林区、东部建筑群落区等。下面仅以中部山水区为例展开色彩结构的研究说明。

（1）中部山水区的色彩结构布局分析

计算得出此区域山石及花街铺地占40%，绿地占28%，水域占21%，室内占11%，动态色彩面积与静态色彩在平面布局上相当，但留园古木参天，像绿色的帷帐罩住了留园中部边长约55m的正方形空间中大部分视域，水域也是接近33m^{2}的正方形水域，空间的内聚性很强，围合感很强，天色的变化在园中不明显，主要由水色体现。东南以建筑为主，白色的面积多；西北以绿色为主，黄绿色占主要色彩基调，从东南往西北看，植物大部分处于顺光下的显色，纯度及明度比固有色显得明亮，给人“竹色清寒，波光澄碧”之感；从西北往东南方向看，建筑立面的白墙在逆光下，显得很透气，同时白墙和水面把光漫射到其他物体上，将使其他色质比一般逆光的显色效果的明度提亮1~3个明度差，另外，东面建筑的白色西墙也是承载黄昏天色的主要载体。

（2）中部山水区四季植物色彩格调的变化

分析得出此区域主要由植物的色彩构成四季色彩的变化，通过其植物色彩的分析，四季色彩的变化也非常的明显，特别是春季的新绿色和秋季的金黄色叶，春色满园、夏色涵碧、秋色金碧、冬色雅静，加上不同的天气现象、五时的更替构成了不同季节、不同时间、不同背景的景色（图5-22）。

（3）中部山水区立面色彩的分析

中心山水区的竖线变化比较丰富，静态色彩白、灰和暗红色色系使动态色彩中的绿色系更为生动而苍凛，特别是大面积的白墙突出了竹色清寒、波光澄碧的色彩氛围，详见图5-23所示四季立面色彩比例的变化。

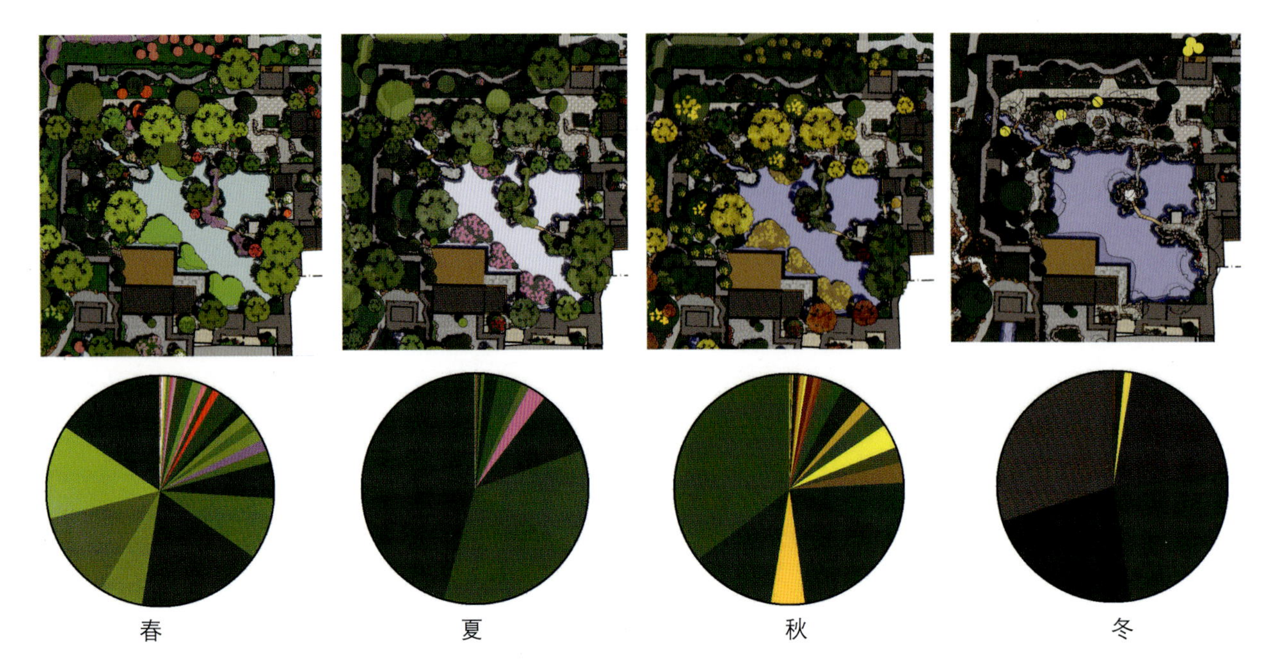

图5-22　留园山水区四季植物色彩格调的变化（从左到右分别为春、夏、秋、冬）

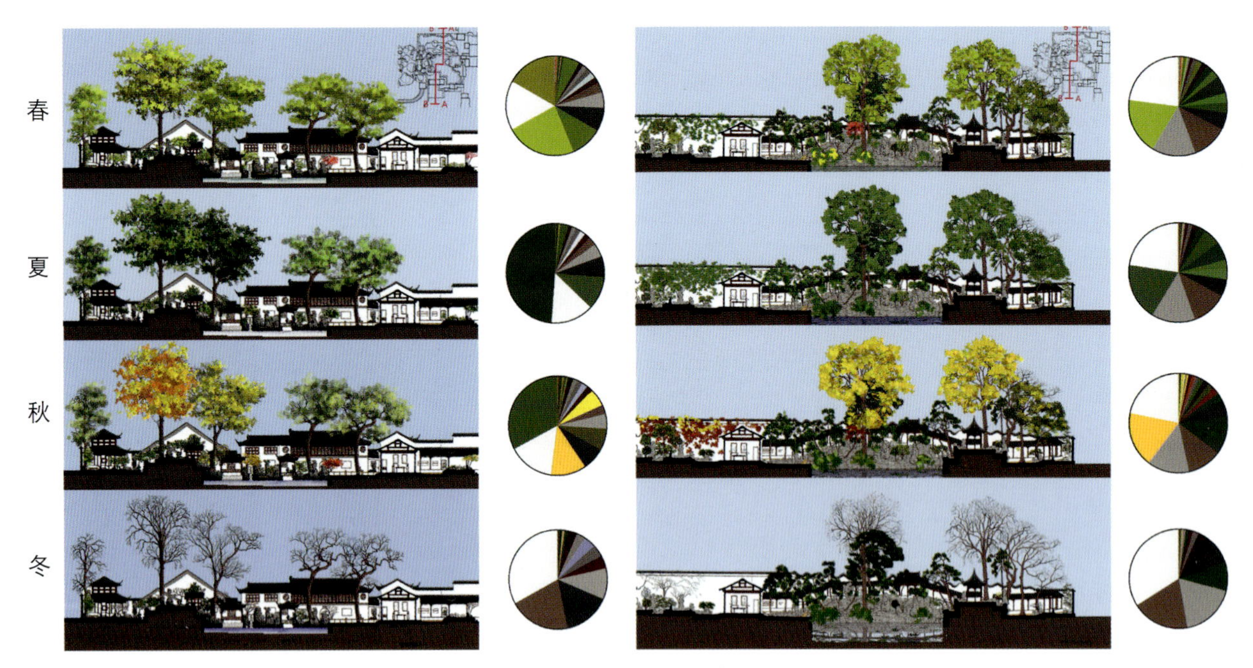

图5-23　留园A–A、B–B剖面四季色彩格调的变化及比例分析

5.5.5　主要景点景色分析

（1）绿荫轩

以前轩东有老榉树遮日，轩西原有一棵三百多年的青枫树，轩北面水，夏季开满荷花，夏日凭栏，阴凉可人。强调夏季景色中的“绿”，青枫与榉树的叶片都属于小叶片，透光性强，特别是青枫，在光的作用下，青翠欲滴，建筑的栏杆及挂落的暗红色使绿色更显翠色，在这婆娑的绿荫笼罩

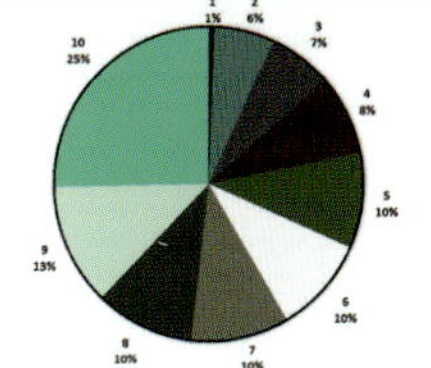

图5-24　明瑟楼景点色彩分析

图5-25　涵碧山房主要视域的景色与碧色系的提取

下，突出水面葱绿荷叶上的荷花，使粉白的荷花更加清秀、雅洁。

（2）明瑟楼

明瑟楼指莹净新鲜之楼。楼体是南侧建筑群的视觉焦点，周边布满错落有致的粉墙黛瓦，楼旁青枫如盖，楼临清澈明净的池水，环境清洁明净，水木明瑟。隔池从北南望，一层三面玲珑，二层阁楼采用传统明窗（白色贝壳）的工艺，两面临水，楼旁青枫如盖，环境清洁明净，此地以白色为主基调陪衬出似青枫这类色彩鲜亮的绿色及碧水，色调鲜亮清新，清透怡人（图5-24）。明瑟楼犹如画舫的前舱，与涵碧山房构成了写意的画舫。

（3）涵碧山房

涵碧山房为中部主体建筑，以“碧”为空间氛围的主要主题立意欣赏点，具有很长的历史。清末盛氏改园名为“留园”，把园中的“卷石山房”改为“涵碧山房”。“涵”指水多、沉浸，喻此处面对湖光山色的美丽景色，周围林木茂盛，池水碧波荡漾，山光水影，景物丰富开阔，满目“碧”色。旨在延续明代在山房中所看到的“竹色清寒，波光澄碧”的园林色彩格调。环顾四周山石、树木、竹林、水池、建筑等组成了一个围合空间，创造出一种幽静的山林气氛，水绿、植物不同色系的绿色构成了以绿色为主要的景色，碧绿是此景重要的视觉色彩要素（图5-25）。

（4）远翠阁

远翠阁位于中心山水区的东北角，无论是上层的远眺，还是下层的近看，都是在逆光下观赏植物的叶色，逆光下的植物色彩显色规律的分析，其明度、纯度提高1~3个层级，色相偏黄，为了强调翠色，在下层近看的植物多选择叶片透光度高或固有色相对鲜亮的植物，如梧桐、垂柳、竹子等，其中竹色在白墙的衬托下显得青翠之极。以翠色为主题，正是自然美的具体形态，清新而富有野趣。

（5）清风池馆

清风池馆，表面是描绘池面清风徐来的触觉感知，实际也是描写色彩意境的景色。水、柳、莲是风主要的载体，池是天色、水色、倒影之色，红鱼、时间、光线等的展示界面，由于此水池由植物构成的虚形内聚空间，尺度为13m^{2}的水域中，光色较少，池水受周边倒影的影响，色彩呈黛碧色，即暗绿色，但受天光、风及浅色叶植物的倒影等因素的影响，明暗变化丰富，但整体色调属于明度的2~3级之间，把水岸的柳叶及水面的睡莲衬托得更为鲜明。微风拂过，动静生趣，色彩交织，呈现清幽雅致清亮的绿调（图5-26）。

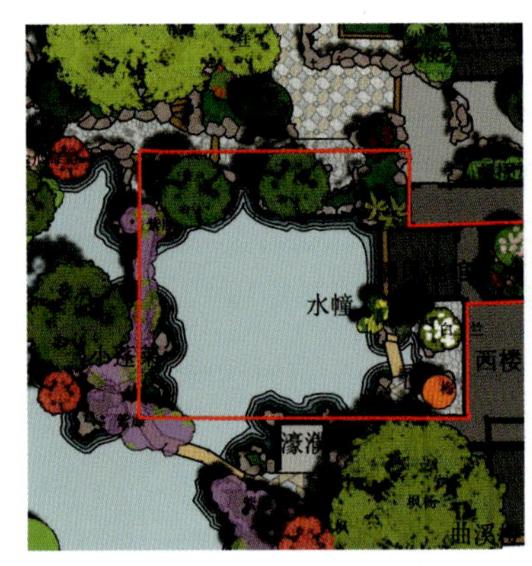

图5-26　清风池馆主要视域的景色与翠色系的提取

5.5.6　总结

本案例主要通过对留园整体的、区域的及某些景点进行色彩的分析，梳理了历史文献、主题立意中关于景点色彩方面的品鉴及描述，结合色彩构成的理论进一步分析其色彩组织规律，从而推导景点中色彩氛围与意境之间的关系。具体如下：

（1）整体色彩结构布局

主要针对整体色彩结构布局及四季植物等色彩进行分析。留园的植物色彩组织主要有两种类型：一为中部景区西北角与西部景区的植物配置上讲究以群落的组织形式，以量塑造空间的色彩氛围，以迎合“涵碧”“远翠”“绿荫”等主题立意；二为在建筑区或灰空间区域，以四时不断的、独立审美为主要特征的组织形式，因奇石、建筑和主题的需求而确定植物的色彩经营，可看到春季花色的多样性，秋季色叶树的丰富性等。

（2）区域色彩景观结构

在区域的审美上，个性也比较突出。中部的山水区，形成金碧山水的色彩格调，金色主要呈现在：一是，夕阳的光线打在白墙上，白墙呈金黄色，门窗的玻璃也将反光天色的橙色光与青绿色的植物叶色和碧水组合成的色彩格调；二是，金秋时节，三棵古银杏树及其他黄色叶在光线的照射下金光闪闪，与常绿的绿叶植物及碧水组合成金碧色彩格调。但在夏日里，主要呈现大青绿山水的色彩格调，大面积黄绿色的叶色在光的作用下呈现翠色（鲜亮的黄绿色）和碧色（植物暗部的颜色显色及水色），满目碧绿之色。

西部山林区中大面积种植了青枫，青枫如帐，在逆光下显现出透亮的高纯度的黄绿色，再搭配、点缀其他色叶植物，构成清雅的山林气息。

东部建筑区主要以静态的人造色彩为主，以营造华丽典雅的起居空间；在灰空间中巧借自然之色，利用天井的光线落在植物的叶色中，显现鲜亮的四时花色、叶色，在暗红色的花窗映衬下，显得清新、鲜亮；在灰砖的衬托下，显得自然、雅致。

（3）中部的山水区山水布局与植物搭配的色彩规律

中部的山水区的水池为园林的中心，四周以山石组成山水格局，广植花木，厅堂主要置于水之南。因自然光线影响人对植物色彩的感觉，同一种植物在不同的观测角度，其显色存在一定的差异，如北侧主要观赏南边逆光下的植物，多为翠色系，如翠竹、梧桐、青枫、芭蕉等。南侧观赏北边顺光下的植物，多为青绿色系，如白皮松、槐树、香椿、乌桕、榉树等。东侧或西侧互看多为侧光下的植物，多为黄绿色系，但在早晨或傍晚时间段则为逆光角度，且有色光参与色彩的组织，因此这两边的植物色彩非常丰富，一般东边为绿色区，如朴树、枫杨、糙叶树等；西边靠墙为墨绿色区，如桂树、香樟、松、柏等。西边靠水区为黄绿色区，如银杏、柳、朴等。花色主要点缀在西北角、北部及东部中区，起调剂及点缀空间色彩氛围的作用（图5-27）。

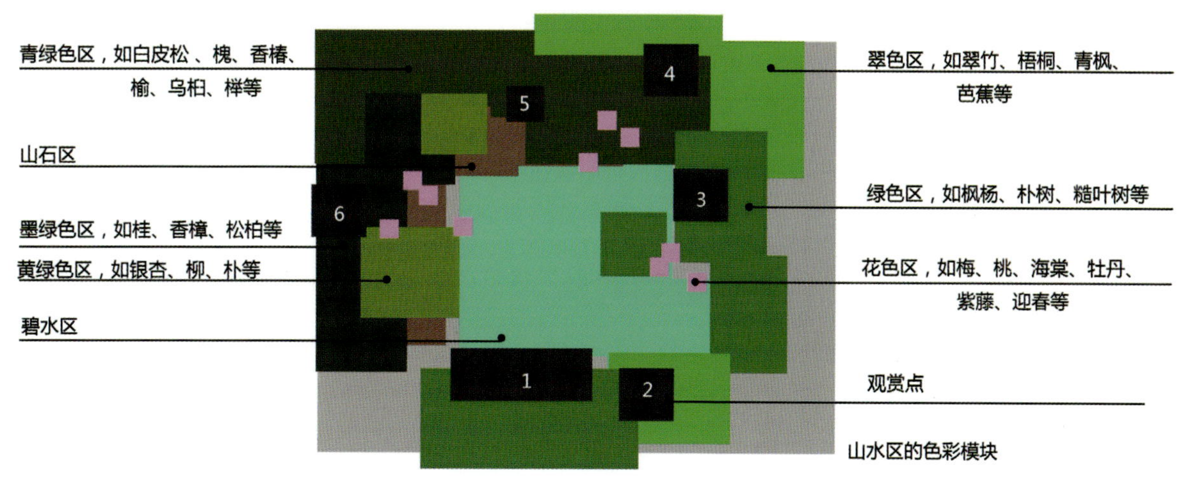

图5-27 留园山水区的色彩模块与植物配置规律

（4）主题景点的色彩景观分析

在对留园景点的分析中找到了以色彩为主题的五个景点，并对其进行分析，通过具体景点的分析，揭示在不同的位置、不同的植物、不同的光线、不同的空间组织，同一景区，其色彩呈现不同的视觉效果。如从南往北看，黄绿的叶色及水色呈碧绿色；从北往南看，黄绿色叶色的明度及纯度提高，并偏黄色，呈翠色；从东往西看，或从西往东看，植物黄绿色叶呈青绿色并闪烁高纯度、高明度的黄绿色，碧水之色更为突出等。空间、方位、光源是园林色彩组织中重要的因素之一。

5.6 色彩情感联想及表述实验

5.6.1 实验11：抽取特定区域的四季色彩

目的　培养观察自然色彩的季节变化，学会提炼和抽象色彩变化特征的方法，体会其中变化的微妙关系，养成分析的习惯，学习分析的方法。

方法　选择同一地理位置（或同一场景）的12个代表性（孟春、仲春、季春、孟夏、仲夏、季夏、孟秋、仲秋、季秋、孟冬、仲冬、季冬）季相变化的景色图片，将每张图片局部用铅笔打10个小方格，将每个小方格中面积最大的色彩或是最主要的色彩倾向（强调固有色，合并同类色），用水粉色填在另一张纸上相应的小方格中，这个抽象的结果，即是这张图片的色彩关系及色彩形式结构。

时间　1周。

要求　画在A3细纹水彩纸上，或把作品贴在A3黑色卡纸上，同时提交所依据的照片，置于作品背面。

课题要点　充分表达特定区域的四季色彩的变化和特点。

作业参考　图5-10至图5-14。

5.6.2 实验12：色彩的精神表述

目的　运用抽象图形关系、抽象色彩关系，以抽象的联想创造抽象的形式表述抽象的精神，传达色彩的精神情感。

方法　找一些能反映色彩精神的图片，分析图片中所传递的色彩情感，氛围或表情，并总结出其色相、明度、纯度、对比关系、比例等色彩构成的理论结构。根据构定的创作目标，结合分析结果，进行色彩精神表达的创作。色彩一定要有精神象征，并强调色彩的调式：高调、低调、冷调、暖调。主题可单一型或复合型，如《向往》《忧伤》《热恋》《孤独》《郁闷》《宁静》《悠扬势》《飞翔》《烦躁》《酸、甜、苦、辣》等。参见图5-28至图5-31。

时间　1周。

要求　将简洁抽象图形贴在29.7cm×21cm黑卡纸上，每人4幅。

图5-28　色彩的精神表述（单一主题）（1）

图5-29　色彩的精神表述（单一主题）（2）

图5-30 色彩的精神表述

图5-31　色彩的精神表述（复合型主题）

第6章 色彩综合构成实验

- 实验13：色彩盒子
- 实验14：故乡的色彩花园设计
- 实验15：四季花园与色彩创作

6.1 实验13：色彩盒子

(1)盒子主题

可以选择任何有主题、有情感、有特色的系列组合课题，以下主题可供参考：①喜、怒、哀、乐；②春、夏、秋、冬；③酸、甜、苦、辣；④幽默、浪漫、庄严、古板；⑤科幻、卡通、pop.嬉皮；⑥阳光、阴暗、压抑、开放；⑦朦胧、含蓄、深沉、稳重。

(2)目的

运用平面构成、立体构成和色彩构成等造型基础的知识，以抽象、简洁的造型语言表述情感的空间造型。

(3)要求

将所有的造型语言集中在35cm×35cm×20cm的空间中，正立面为展示面。

(4)方法

①以色彩情感表述为设计立意的出发点，利用色彩构成对比、调和原理进行表情的空间造型训练，根据形式美的法则分析构成的布局原理和构成形式。②要求记录设计流程，从概念构思、草图分析、局部试验直至整体实施，并附加电子文件，进行成果汇报。③每人制作一个盒子，4～6人为一组。④盒子外框统一使用黑色展板（结构要求结实），盒内的制作材料不限（可绘制、可拼贴）。⑤工作计划和团队的安排需落实纸面，并定期讨论、交流、实验。

(5)时间

1周。

(6)课题要点

理解空间造型的语言，追求造型语言与主题的统一，造型语言要清晰明了，能引起观者的共鸣。

(7)课题过程

①设走主题　小组成员进行讨论，明确目标和方向，保持整组形象统一。

②理论依据　查找与自己主题相关的资料，从各方面论证自己的设想及概念。

③草图分析　通过草图展现自己的构思，并不断演绎，同时与小组其他成员交流。可做草模，以进一步推敲造型。

④尺寸推敲　结合草图的造型与盒子的尺寸，进一步推敲，确定最终稿件。

⑤准备材料　根据自己的主题选择最佳的材料，同时与小组成员定期讨论，确定材料语言的统一，同时设定工作流程。

⑥制作过程　胆大心细，认真处理好每个工艺、每个细节。

⑦成果展示　与其他组员一起将设计过程和设计内容整理成展示文档（如PPT演示文件），并组织好汇报工作。

(8)课题作品参考

如图6-1至图6-6所示。

设定主题
色彩的诠释——中国的红色

红色，可以有很多含义，有红色的心、红色的花朵、红色的标志等。不过，经过一段时间的考虑，我决定做出的红色要代表的是　中国。我们的国旗是红色的，可是给我印象更加深刻的是古典皇家建筑中所大量运用的那种红色。运用的是这种红色大面积运用时给人以气派、威严、雍容华贵的直接感受的特点。

理论依据 草图分析

作品的型有三点讲究，首先就是红色的体块是抽象的现代的高楼大厦拔地而起；其次是红色体块所勾勒出来的负型是中国古典园林中所运用的窗户的基本型；最后是体块由两侧到中间逐渐变小，形成透视的效果，与体块上金色的装饰共同表现了古代宫门缓缓打开的场景。

材料准备、制作过程

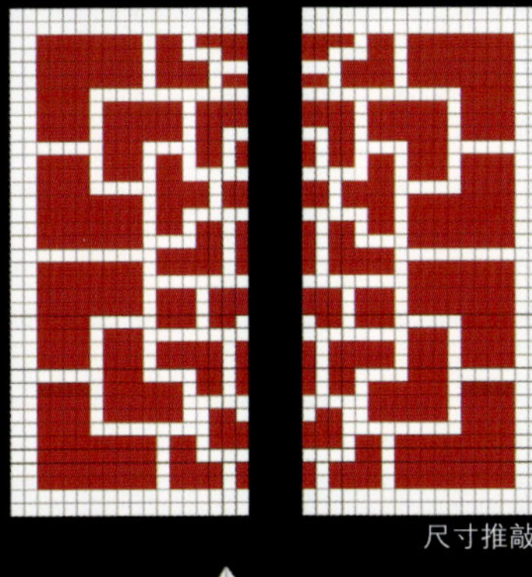

尺寸推敲

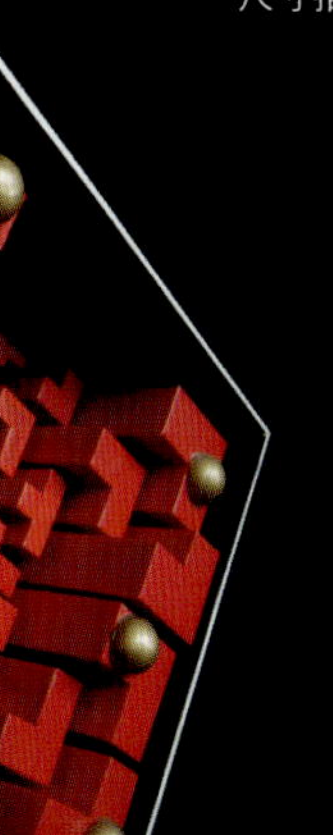

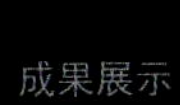

成果展示

整个作品饱含了中国元素却也不乏现代的元素，是古典与现代的结合，是我所想用红色所诠释的内容。

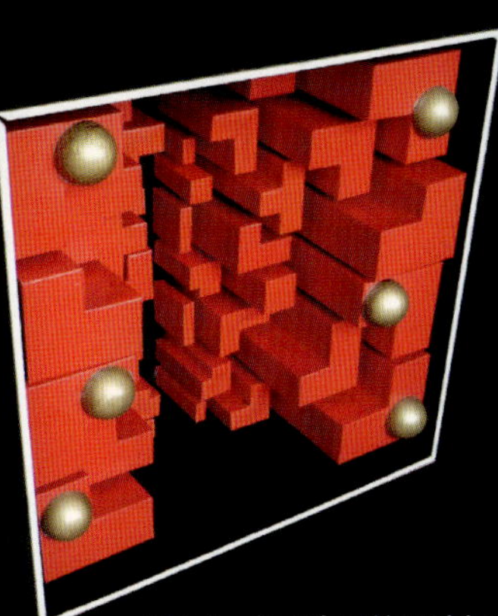

图6-1　色彩盒子的设计与制作流程

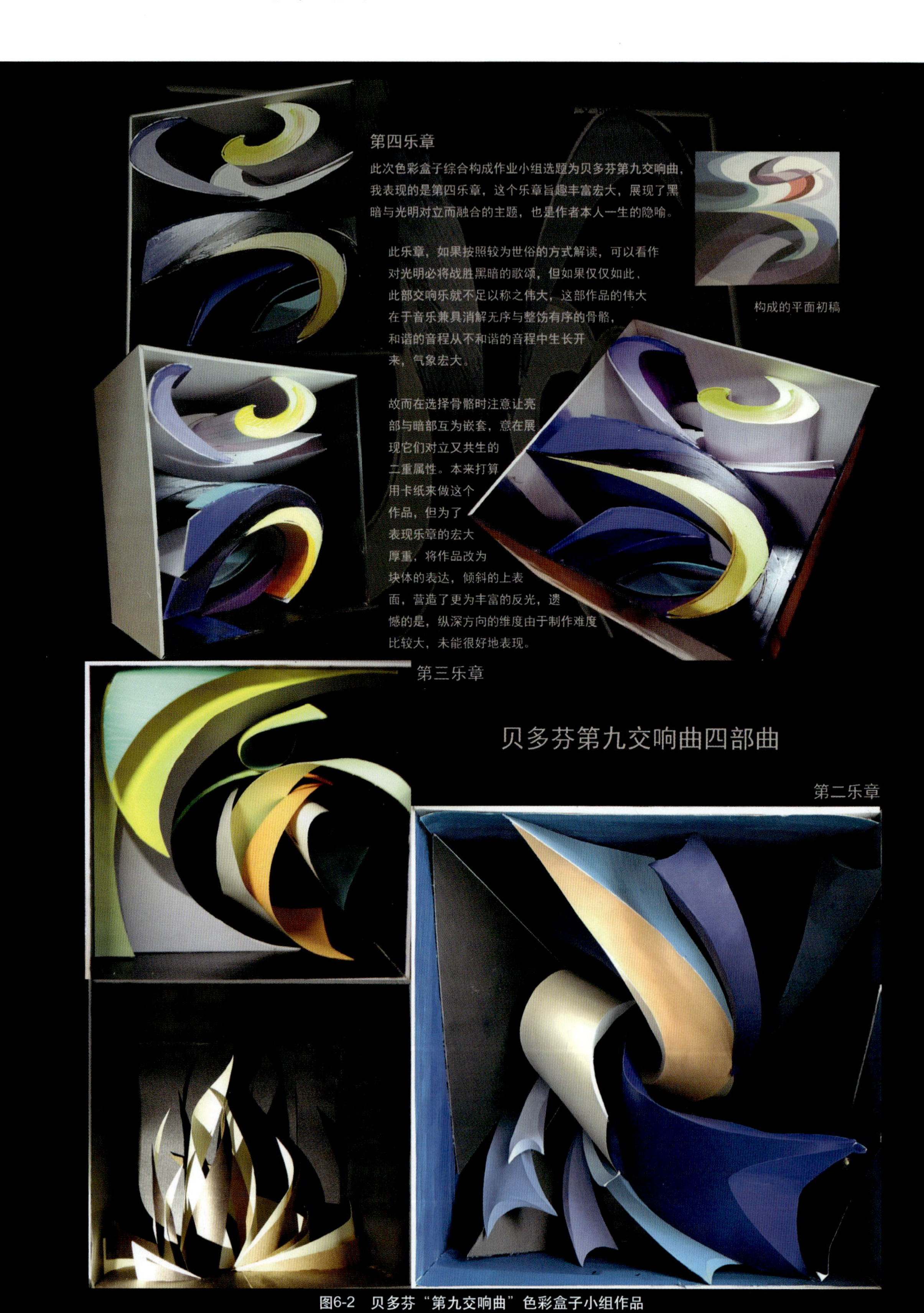

图6-2 贝多芬“第九交响曲”色彩盒子小组作品

音乐盒子

创意来源

音乐作为以听觉为主的欣赏形式，在感官上易与色彩、空间等视觉欣赏产生共融与互通。也就是说音乐的节奏、韵律、风格等特点都可以在构成学的角度体现。

每个人由于经历和背景的不同，对音乐都有自己不同的理解，这给我们这次构成作业的讨论和合作提供了很大的空间。

根据世界音乐的主要流派和体系，我们去繁就简，将其划分为民族民风、流行摇滚、古典、爵士和交响乐。

827-Studio成员介绍
周正——民族民风
呼格吉乐——流行摇滚
黄志源——古典
孙竹怜——爵士
吕回——交响乐

《交响乐》吕回

由理解至创意

层次：底部螺旋状的面、中部逆向螺旋的线和上部星状的点构成三个大层次。底部表现低音的节奏感和沉稳感，中部表现高音量主旋律乐器的放射力和穿透力，中心的星形表现的是指挥家和小提琴一把手的绝对领导地位。三个层次的叠加构成了交响乐的身躯。

统一：双层反向螺旋放射相统一，共同由外引申至内，所构造的空间感远大于盒子20厘米的纵深，光影明暗的结合，使后部自然变暗，达到"改变空间"的目的。螺旋放射的风格统领了整个作品。

高雅：颜色运用方面意在体现高雅的特点。黑色、金色、银白色和中饱和度的红色，结合"层次"的运用，让各层既有自己鲜明的特点并形成较强对比，也在总体格调上相辅相成，渲染除了一种低调却不失张扬的品质，同时非香艳的色彩也符合其高雅的特质。

局部光影

音乐理解

1. "层次"：交响乐有不同乐器的演奏组合合成，不同乐器有不同的表现力，所以交响乐是多层次的音色的组合体。
2. "统一"：也就是乐曲的格调主轴，引领曲风。每一个交响乐作品在各自风格上都是严谨统一的。
3. "高雅"：正所谓贵族的音乐。交响乐在它诞生以来就与高贵典雅的气质密不可分。

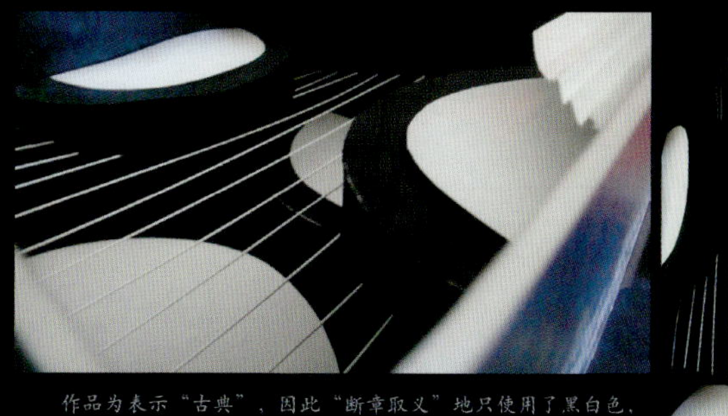

作品为表示"古典"，因此"断章取义"地只使用了黑白色，以表达古旧的感觉。这是因为由于黑白影片的影响，赋予了黑白两色代表"旧"的意义。

作品共分两个层次，层次与层次之间、层次与外界之间都有所间隔。

如图所示，作品除层次间间隔外，主题为黑白相间的半圆。古典乐既恢宏壮丽，又华丽细腻；时而欢快，时而悲伤。这种让人捉摸不到的音乐感情与作曲家的心情一样变化无常。所以我用半圆弧来表达这种奇妙的感觉，并加以黑白对比来强调这种弧线的美妙。而在作品底部全部的黑色，给人一种深不见底的感觉，正如古典音乐深无止境的内涵与文化。

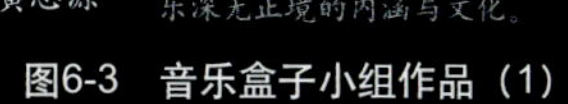

《古典乐》 黄志源

图6-3 音乐盒子小组作品（1）

设计思路

从整体来看，此次立体构成我以对比为主线，通过从地理位置、表达情感和创作风格3个不同的角度把中国民乐分成两个种类进行对比，从中突出两种民乐互相衬托互相融合的关系。

总述

左半部一只鼓右半部一把扇子和中国古代的乐器笙，分别代表了两种民乐的风格，而我用一缕由蓝紫渐变成红黄的飘带连接各物象，意在表达中国民乐无论何种风格，却都是互相对比互相衬托，彼此充满联系的。整个作品背景为充满中国特色的古代书法充满浓浓的中国风情，而在掩饰我上我特意用水彩加大量的水造成中国热油的水墨的梦幻风格，这都是为了作品能贴上浓浓的中国标签而设计的。

中国民族音乐　周正

左为北，右为南，整个盒子的左半部由大红与鲜艳的黄色为主要的基调，代表着黄土高原上浮朴昂扬的高亢的民乐以及我们东北二人转热闹喜庆的风格等，具有华北民乐的独特风格，在情感表达上华北民乐大部分也是意在表达人民欢快喜悦欣欣向荣的生活居多

而盒子的右半部以水蓝色、淡紫色和浅绿色为主要基调，代表着江南水乡以及整个南方各种剧种柔美、温婉，充满诗情画意的江南风格。在情感表达上华南的民乐大都表现古代爱情故事或者神话传说，人物性格命运大多阴郁悲观，所以旋律节奏上大多轻柔舒缓，带有浓浓的江南的温柔的艺术风格。

摇滚乐　呼格吉乐

层次　摇滚乐是由是三和弦加强硬持续的鼓点加上口的旋律 这样的演奏带来了摇滚丰富的层次。这种层次不只是体现在乐器与乐器之间，更多的是体现在乐器与歌手的演唱上。

为了表达这种层次，我使用了折进的方形纸板，颜色逐渐加深，加上制造的光影，使盒子具有纵深感。

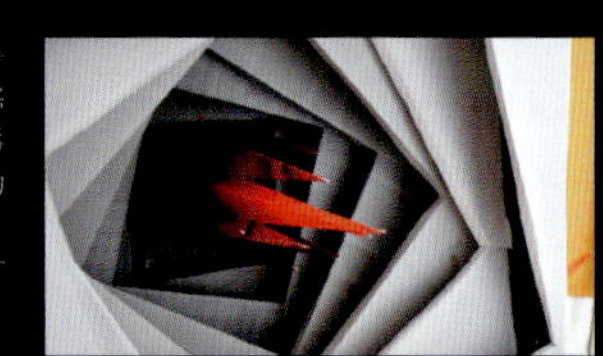

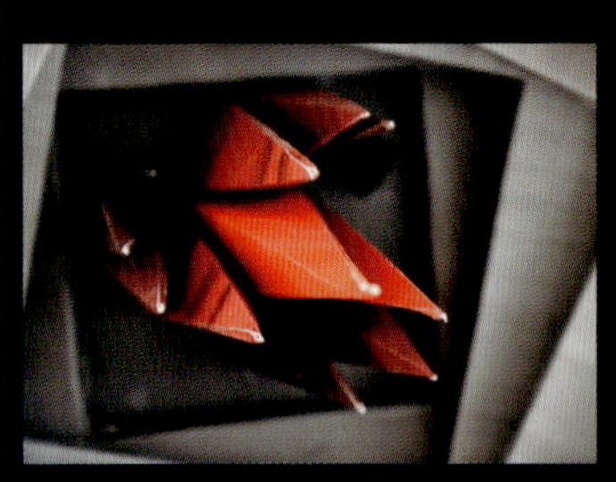

激烈　摇滚是以一种激进的方式释放自己，表达自己的方式，所以激烈是摇滚不可分割的一部分，三角形是尖锐的，不安的，我使用三角形来表达摇滚激烈的内核，同周围折进的东西相加，加上三棱锥用的是激烈的红色，更突出了三角形的锐。

究竟什么是摇滚呢？长头发、皮夹克、破洞的牛仔裤……也是，也不是；吉他、贝司、鼓……也是，也不是；Elvis Presley、The Beatles、Nirvana……也是，也不是；年轻的自由、荷尔蒙的冲动、离经叛道……也是，也不是；节奏、歌词、旋律、梦想、真实、感觉、狂野、信仰、力量、愤怒……也是，也不是；……其实这些相关的联想只是一些表相，对于真正的摇滚文化，对于遮藏在这些"皮相"之下的"核"，你是否有兴趣去了解呢？

原始　摇滚是释放人身体里最初的欲望与事物的幻灭，他们的东西是复杂的，也是最原始的。

为了表达摇滚的纯粹，我在盒子中只使用了黑白红三种最初的颜色，正所谓大巧不工。

爵士乐　孙竹楚

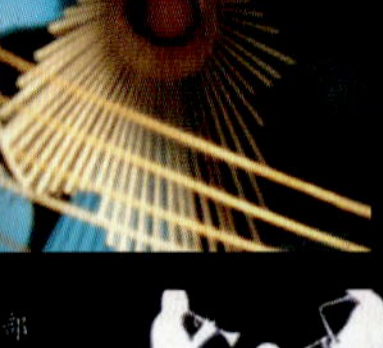

此作品没有任何草稿，全部是跟着这首音乐即兴创作，爵士乐是忧郁的音乐，因此作品以蓝色波浪状曲线作为背景，五条金色的线作为五线谱穿梭在蓝色的纸板中，是整个音乐笼罩在忧郁中。

解放灵魂的即兴力量

爵士乐源于非洲黑人传统民谣，以及演进至美洲黑奴作为纾发内心郁闷之途的工作歌（Work Songs），还有之后再逐渐发展出来的蓝调音乐，这种音乐"乐如其名"地听来十分忧郁（Blue），这类黑人音乐让白人目瞪口呆地从中碰触到了赤裸裸的"心与灵"。在这之前，所谓的正统音乐多半将感情藏匿于制式结构里，即使澎湃如命运交响曲，你也很难跟着音乐的流动直接呼号出自己真正的感受。黑人音乐不一样，从歌曲中直陈想法几乎是他们的本能，这一点理所当然地遗传到了爵士乐身上。

图6-4　音乐盒子小组作品（2）

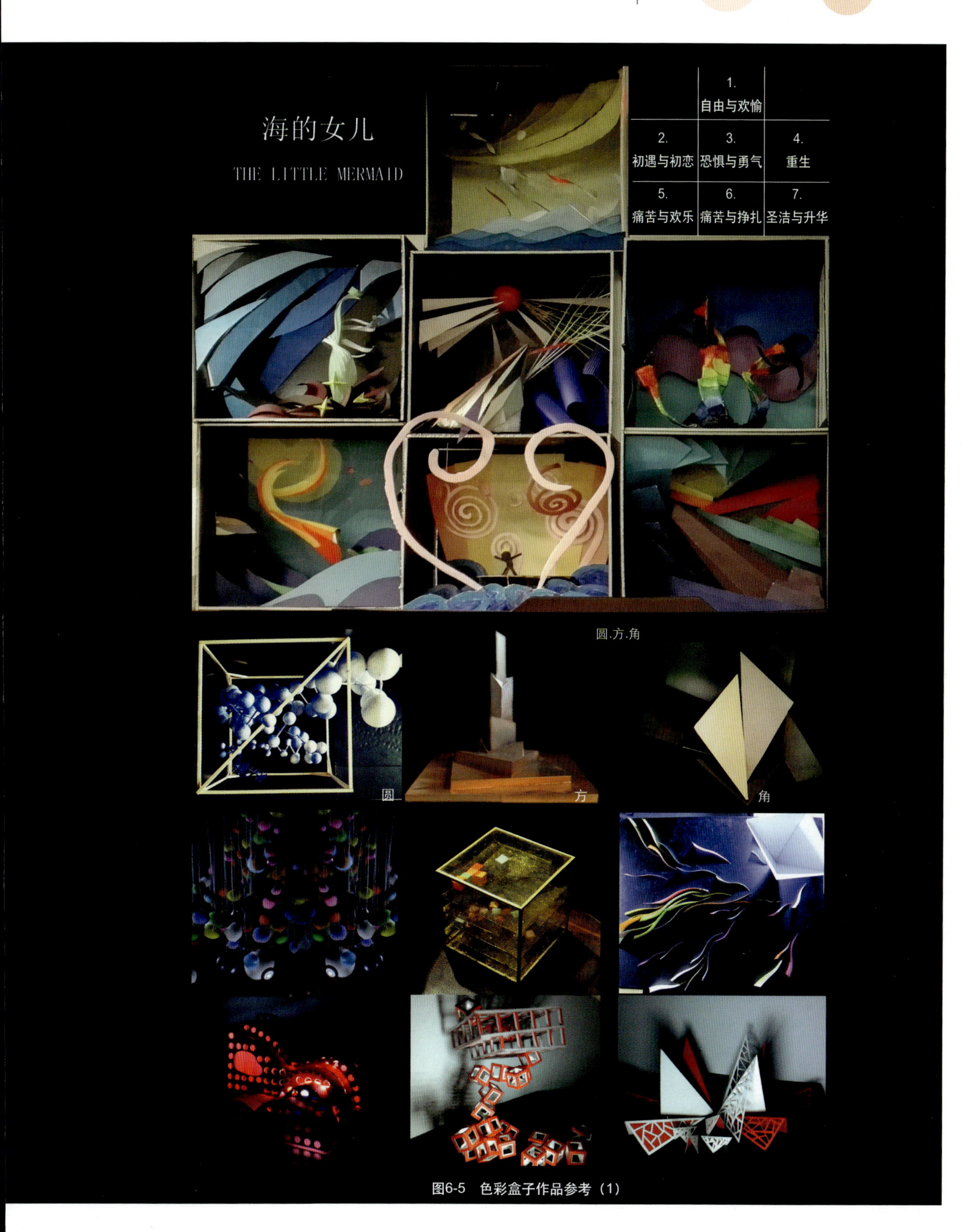

图6-5 色彩盒子作品参考（1）

图6-6　色彩盒子作品参考（2）

6.2 实验14：故乡的色彩花园设计

（1）目的

以故乡地域色彩特征为设计依据，运用所学理论知识，整合色彩构成、平面构成、立体构成等造型基础理论知识和创作手法，进行花园设计，从而掌握“调研—归纳—概念—草图—最终方案”的设计全过程。

（2）课题要求

① 场地为花博会性质，约6000m^{2}的矩形场地。

② 以故乡地域色彩特征为设计主题。

③ 方案可以包括任何构景元素，以平面、色彩、立体构成为主要的设计手段。

④ 完成风景园林平面图。

（3）设计流程

① 明确主题　关键词为故乡、色彩、花园。

② 确定场地形状　根据故乡的城市肌理、特征和设计立意，进行场地尺寸、比例的推敲，同时假定场地的周边环境特征。

③ 故乡色谱的提炼　首先，确定家乡地理色彩的判断依据（地理、气候、人文、历史、建筑、植物等），以色彩抽象构成的方法进行抽象、归纳；然后，按比例整理故乡色彩的主色、背景色和点缀色等；最后，把整理出来的色谱，进一步取舍和强调，确定花园设计的主要色彩关系和配置方法。调研方法可参考5.4“区域景观色彩的研究”的研究方法。

④ 平面布局与色彩配置　以故乡的地理特征和人文特征为依据，确定平面布局的构成形式，对平面的空间布局进行推敲和演绎，把提炼的色谱根据主题与平面布局进行色彩平面配置及布局。

⑤ 立体造型　根据主要的设计节点和主题，进行整体或局部的造型设计演绎。

⑥ 形式与主题　进一步明确、完善形式与主题。

⑦ 空间关系　试探索景观元素、功能空间和周边环境的关系。

⑧ 绘图　以标准的风景园林制图方法进行平面图、立面图、剖面图或效果图的绘制，要求彩稿。

（4）成果要求

① 设计说明书；

② 故乡色彩特征的提取或提炼依据；

③ 构成分析图/设计演示图；

④ 总平面图一张；

⑤ 立面图/剖面图/节点透视图/鸟瞰图；

⑥ 以上设计图纸绘制于一张A1或两张A2图纸上。

（5）课题作品参考

如图6-7至图6-14所示。

图6-7　平面布局和色彩配置图的来源与抽象过程平面图参考

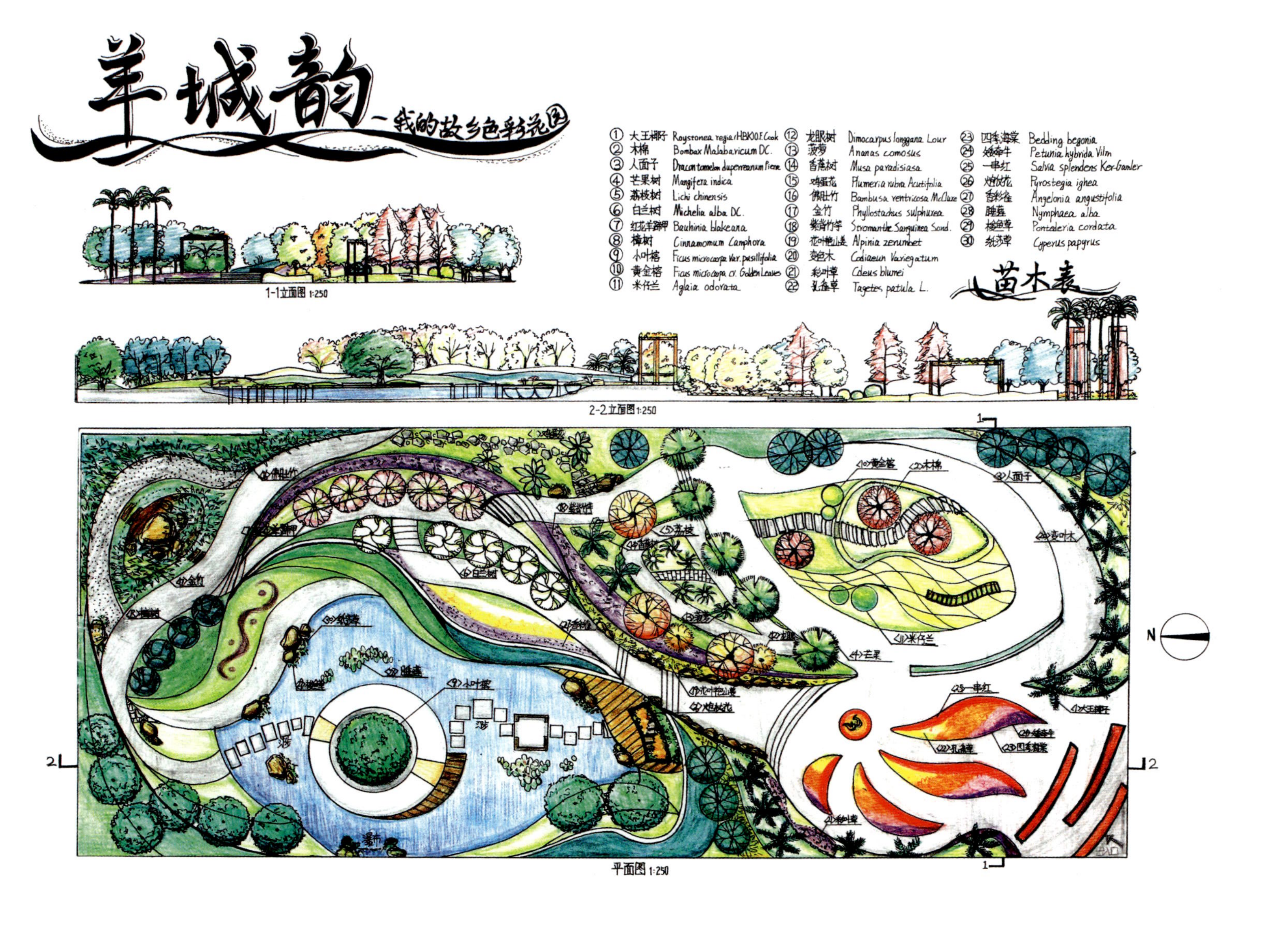

图6-8 从概念到同封平面：立面设计图

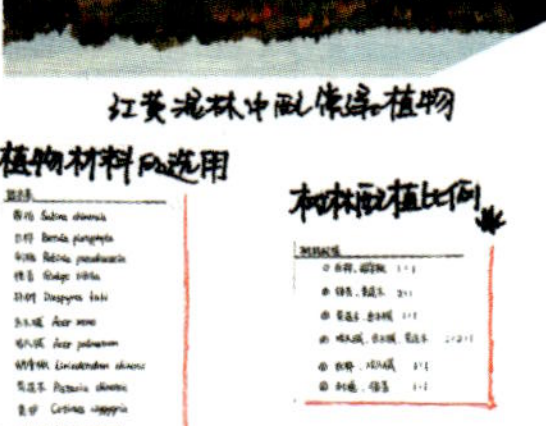
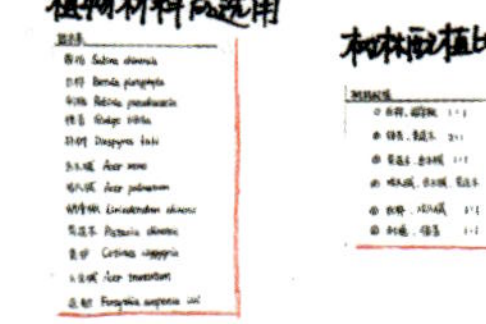
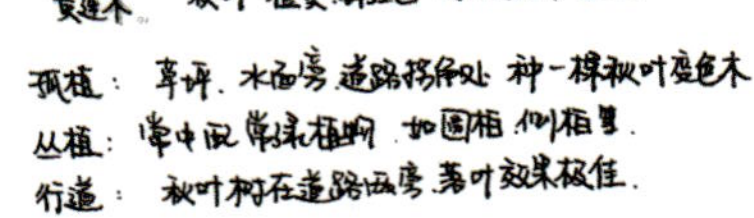
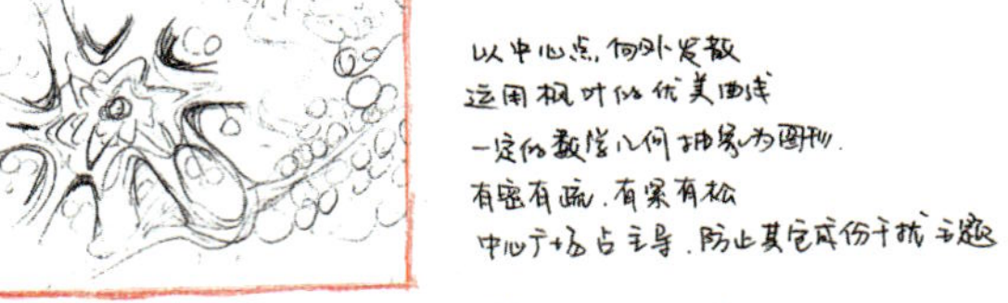

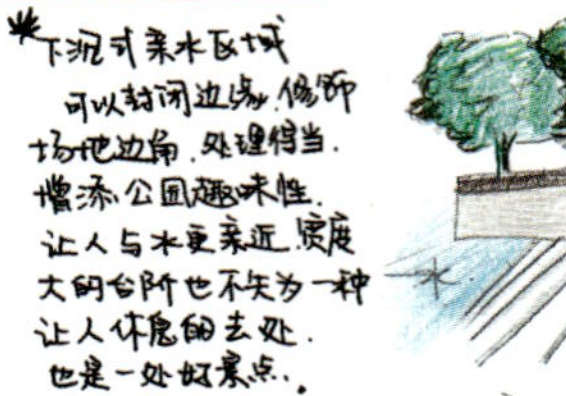

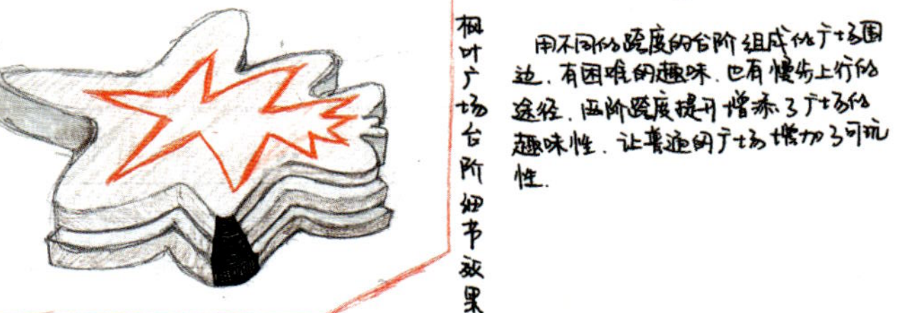

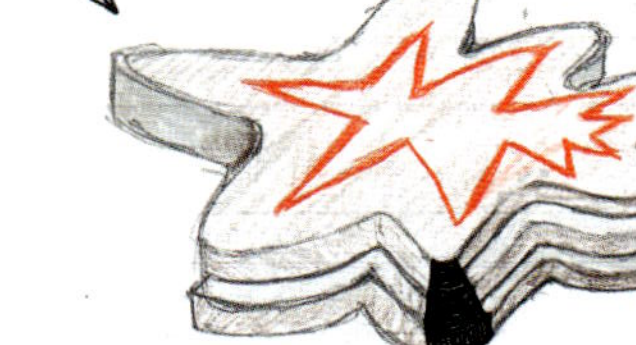

枫叶流丹
故乡的色彩花园
辽宁省本溪市"中国枫叶之都"
枫叶流丹 红红的枫叶如流动的红色，春华秋实美在成熟。
本溪的枫叶种类最全：三角、五角、七角、九角、十一角
连最稀少的十三角枫叶也都包含在内。让我们走进枫叶主题公园"枫叶流丹"寻找你自己的十三角枫。
九角枫叶
九角枫的几何图案
枫叶的几何抽象
枫叶广场地砖形状
下沉式亲水区域
亲水区设计俯瞰
以中心点向外发散
运用枫叶的优美曲线
有密有疏，有紧有松
第十三角枫叶
本溪当地包含稀有的十三角枫
坡地休息斜坡立面图
跌水引流景观效果图
枫叶广场台阶细节效果
植物配植方面
水边红色树林种植
黄色叶树盛植效果
红黄混林中配常绿植物
植物材料的选用
树种配植比例
某些植物特点及运用方法
班级：园林14-6班
学号：140314604
指导教师：刘毅娟
日期：2015年7月3日
成绩：
辽宁本溪：故乡
名称：枫叶流丹设计稿

图6-9 课题作业参考（1）

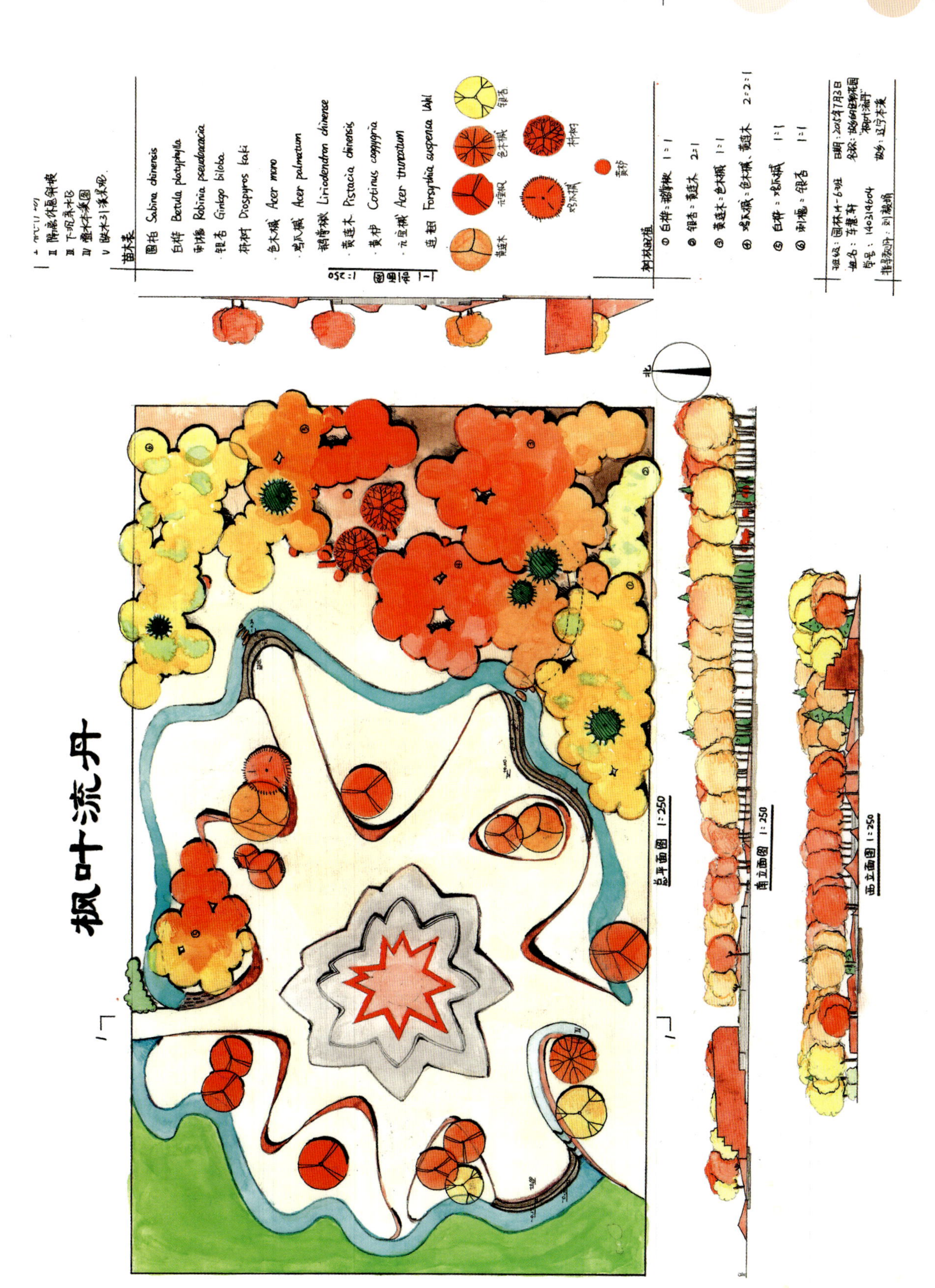

图6-9　课题作业参考（1）（续）

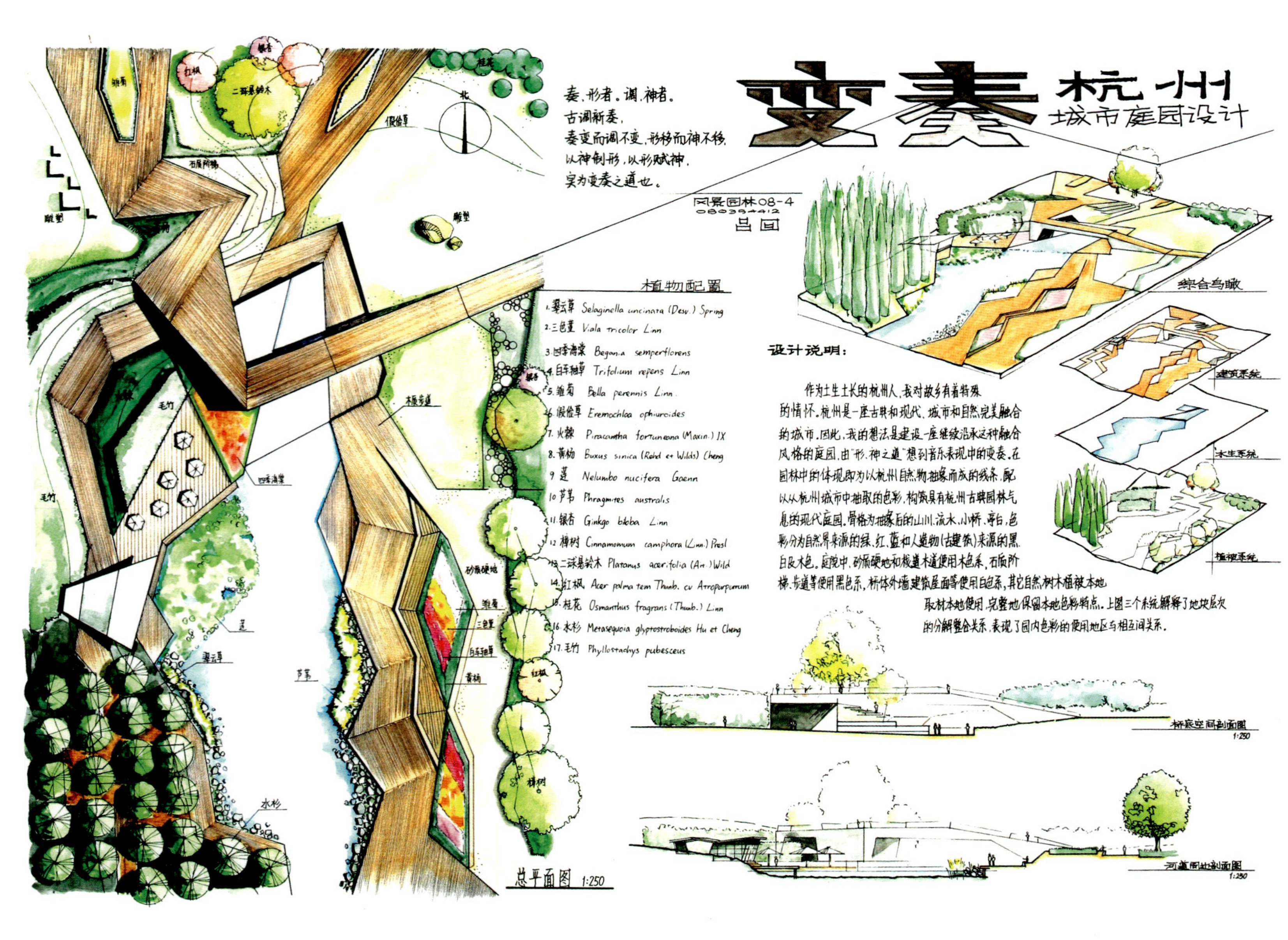

图6-10 课题作品参考（2）（学生作品）

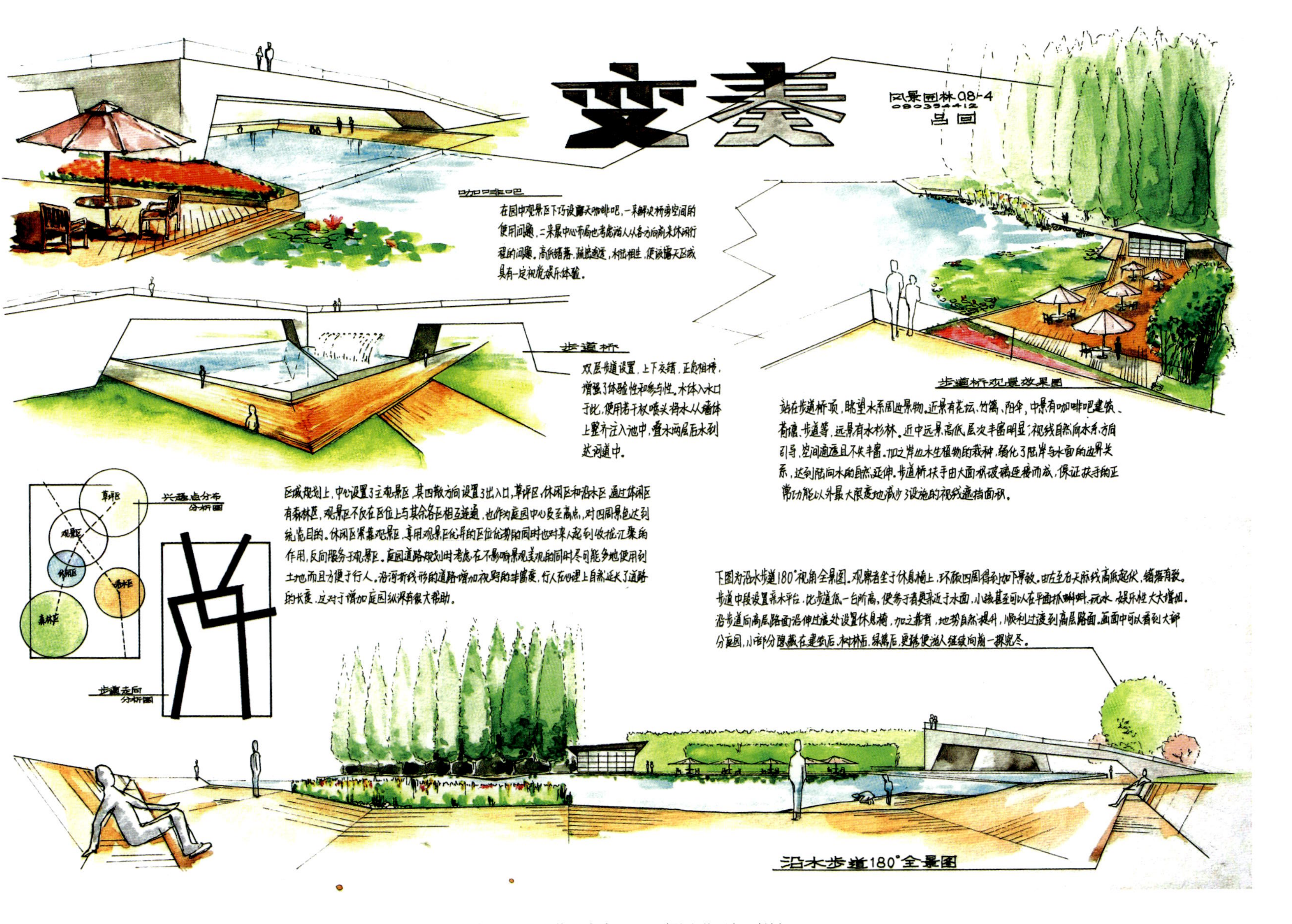

图6-10 课题作品参考（2）（学生作品）（续）

总平面图 1:250

苗木表

①小叶黄杨 Buxussinica	⑨狗尾草 Setaria viridis	⑰核桃 Juglans regia L.	㉕水仙花 Narcissus tazetta	㉝紫叶李 Prunus cerasifera
②葎草 Humulus scandens	⑩薄荷 Mentha canadensis	⑱李 Prunus salicina L.	㉖萱草 Hemerocallis fulva	
③早熟禾 Poa annua	⑪甘蔗 Saccharum sinese	⑲合欢 Albizia julibrissin	㉗黄花槐 Sophora xanthantha	
④垂穗草 Bouteloua curtipendula	⑫苜蓿 Medicago sativa	⑳榕树 Ficus microcarpa	㉘风铃木 Tabebuia chrysantha	
⑤德国景天 Sedum xhybridum	⑬紫藤 Wisteria sinensis	㉑柑橘 Citrusreticulata Blanco	㉙向日葵 Helianthus annuus	
⑥芝麻花 Physostegia virginiana	⑭勋章菊 Gazania rigens	㉒五角枫 Acer mono Maxim	㉚孝顺竹 Bambusa glaucescens	
⑦夏至草 Lagopsis supina	⑮夹竹桃 Nerium indicum Mill	㉓黄金葛 Scindapsus aureus	㉛毛竹 Phyllostachys pubescens	
⑧蒲公英 Taraxacum mongolicum	⑯碧桃 Prunus persica	㉔云实 Caesalpinia decapetala	㉜中华常春藤 Hedera nepalensis	

图6-11 课题作业参考（3）

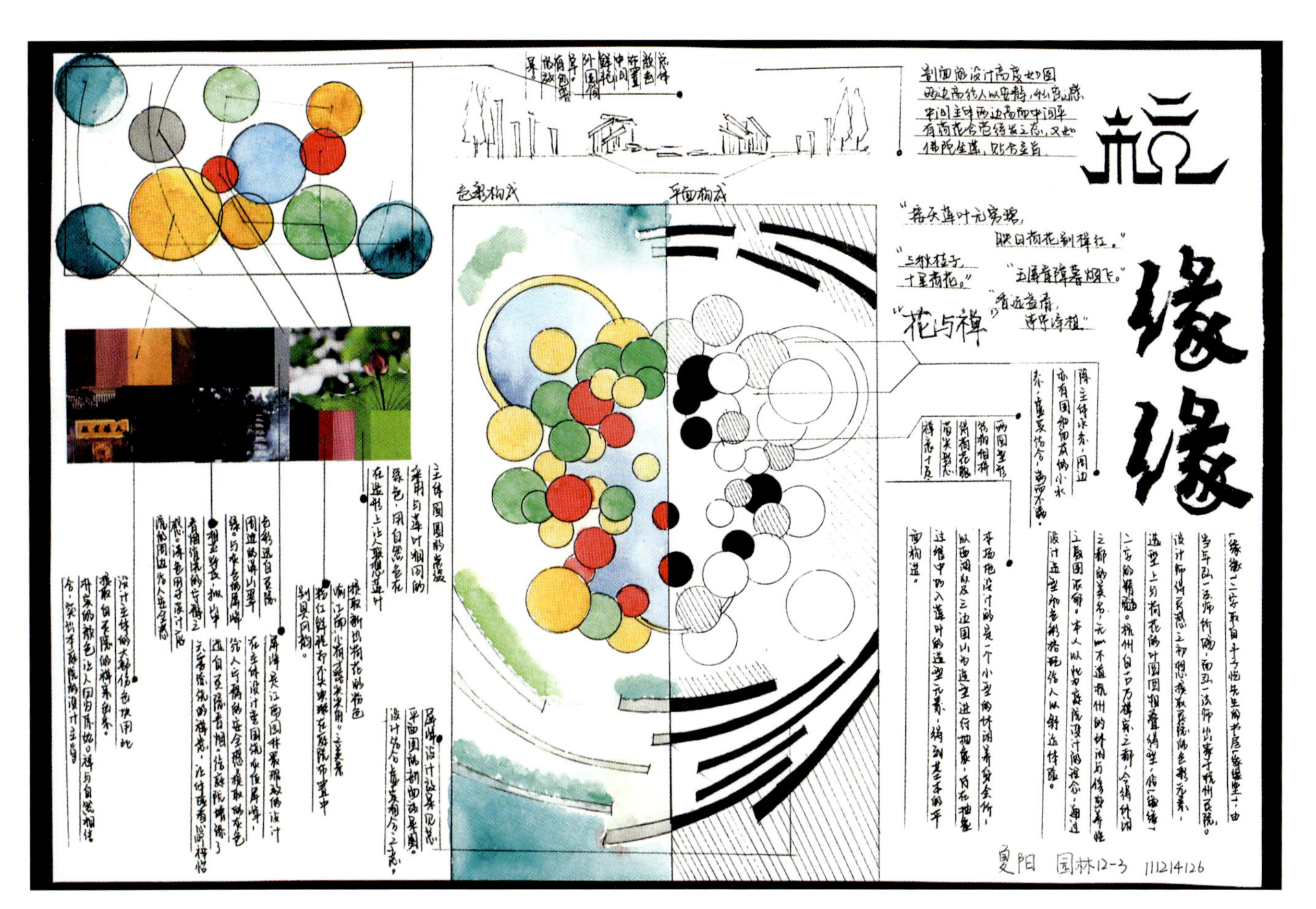

图6-12 课题作业参考（4）

色彩分析

从清香怡人的福州市花"茉莉"中提取清新湿润的白与绿为主色，从羊蹄甲、木棉等家乡常见的花色中提取粉红，又从明清遗留的老洋房与古建筑中提取了陈旧而充满韵味的灰色。

通过以上色彩的搭配以体现福州历史悠久、清新唯美的特点。

设计说明

我的家乡是福建省福州市，位于东南沿海的闽江下游，是一座具有2000多年历史的文化名城。

家乡在我的记忆中是一座温润多雨的城市。回忆家乡的点、滴，最初灵感便是——"雨"。淅淅沥沥的连绵春雨，畅快淋漓的倾盆夏雨，凉爽怡人的即时秋雨，寒气袭人的冰冷冬雨。无数场下雨的场景在记忆中漫开，如一滴雨滴落在记忆的湖面上泛开涟漪，由此滋生了此次设计中以"雨滴"和"涟漪"为主题的灵感。

正因福州多雨，伞成了人们生活中的必备用品。"纸伞"，即戴望舒的《雨巷》中，丁香姑娘撑着的"油纸伞"。纸伞自五代时期引入闽越地带，如今已成为"福州三宝"之一。因此我在设计的骨架中运用伞骨元素，部分景观小品和立面地形也融入伞的形态元素。

"榕城"是福州另一别称，市树榕树在福州随处可见。气根作为榕树特点，经抽象融入设计。整个设计以纸伞骨架、榕树气根与环形水系为元素，生成叠加底纹，营造了雨滴落于榕城伞面的效果。

"海纳百川，有容乃大"是福州的口号。榕树与纸伞都体现了"包容"与"遮护"之意，更是我的家乡福州对我的意义。

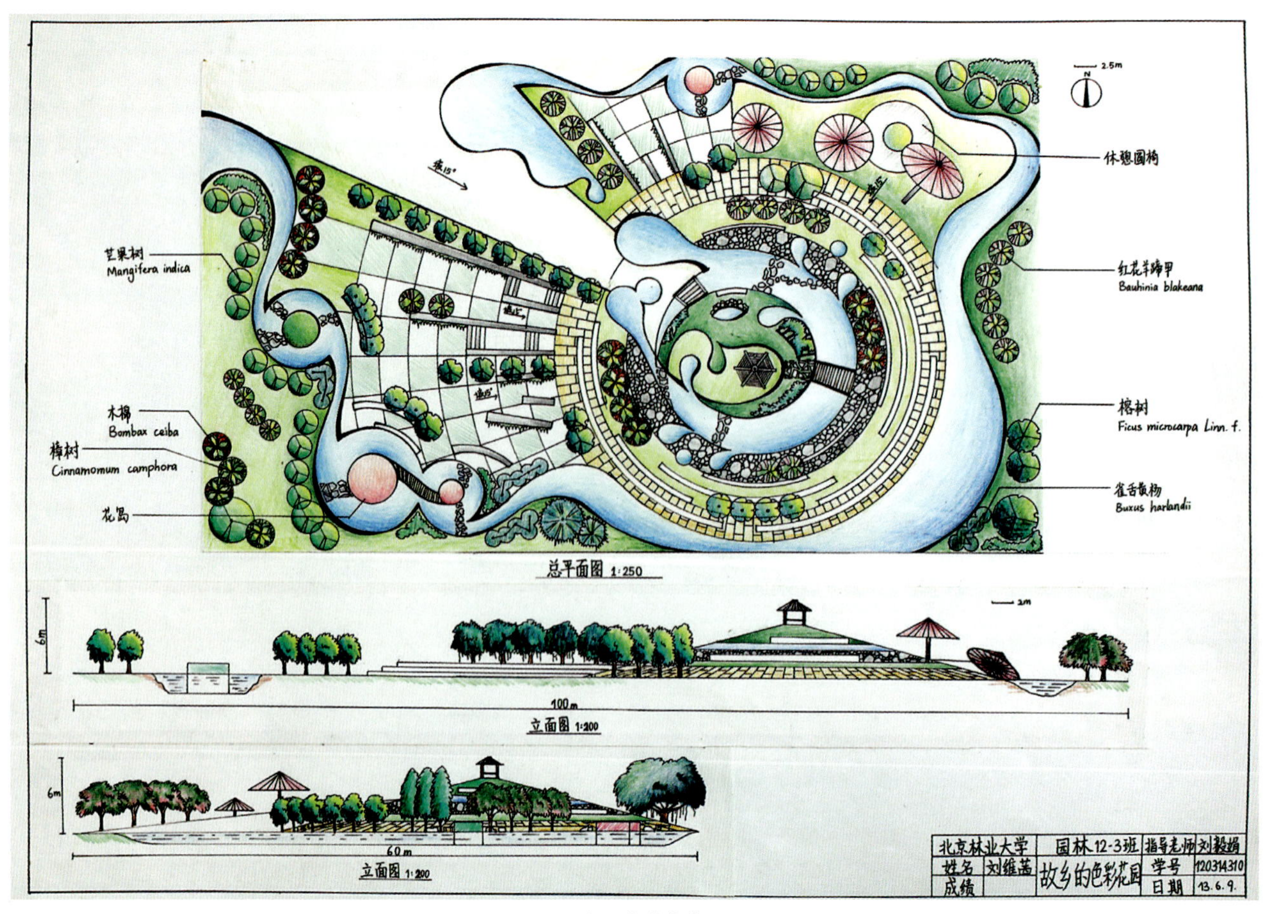

图6-13　课题作业参考（5）

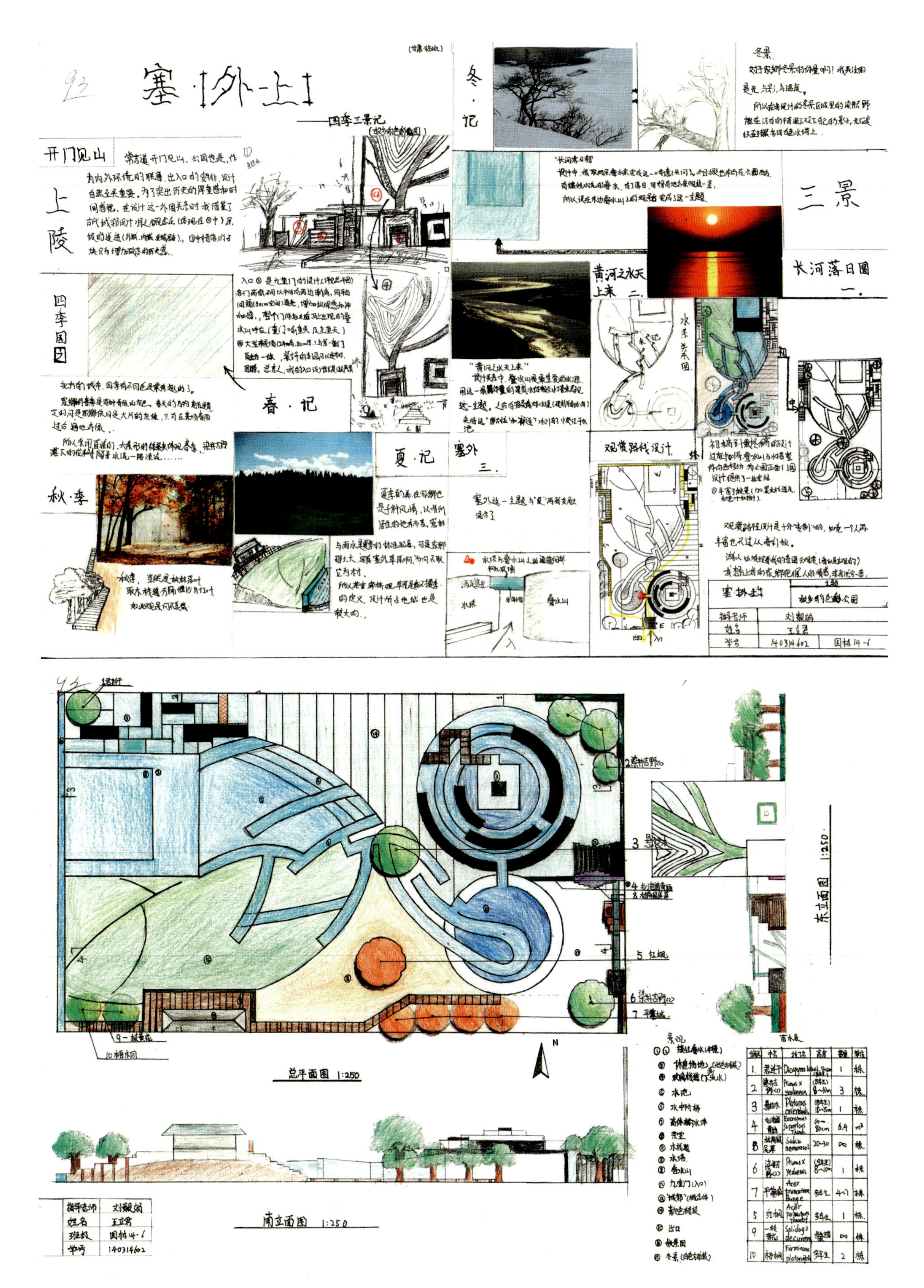

图6-14　课题作业参考（6）

6.3 实验15：四季花园与色彩创作

（1）实验意义

以时间为轴线，以特定的地理位置为原点，观察季节变化或季节交替时，花园中植物色彩的变化。从而更加深层次地理解季节与植物色彩的关系，目的是在今后的专业的植物设计中，能施法自然，运用与季节相协调的色调，创造四季色彩丰富的花园。

（2）实验要求

① 特定的地理位置　选择自己熟悉的地方进行调研、分析、抽取及创造。

② 季节表述的选择　四季——春夏秋冬；十二季相——孟春、仲春、季春、孟夏、仲夏、季夏、孟秋、仲秋、季秋、孟冬、仲冬、季冬；或以节气为题材进行创作等。

③ 色彩创作的表现形式　抽象的表达形式，可选用构成的语法也可自由创造；材料及表达形式不限。

（3）作品《四季花园》及创作说明（图6-15，图6-16）

① 确定地理位置　北京。

② 确定季节的表述　四季花园。

③ 花园中四季植物色彩的描述

春季景象描述　灰褐色的大背景中逐渐被明快奔放的早春色彩取代。漫步花园，每天都有新的色彩出现，可能是黄色的迎春花和郁金香，或是紫色的二月蓝和紫花地丁，或是白色的玉兰花或番红花，还可以看见地面显露出的植物新叶……当白昼一天天变长，阳光越来越温暖，花园中到处充满丰富的色彩，但仍然以黄色、白色和蓝紫色为主要色彩，同时也出现了粉色花的乔木。另外，宿根花卉也加入到球根花卉中竞相开放，如乳白色、杏色、橙色、红色、紫色和紫红色等。

夏季景象描述　初夏是个迷人的季节，令人心驰神往。凉爽潮湿为花园的植物带来丰富的养分，花境中仍残留春天的痕迹，色彩依然鲜亮、清爽，同时又有夏天花木枝叶繁茂，郁郁葱葱的特点，像挤满了颜料的调色板。但调色板很漂亮、很和谐，粉色与紫色争奇斗艳，浅紫色、蓝色最为丰富，还夹杂着轻盈、明亮的白色，其他的色彩点缀其中。随着阳光越来越强烈，花卉的颜色也越来越浓艳，橙色、红色、紫红色、紫色、紫铜色、深粉色、蓝色等争奇斗艳。

秋季景象描述　果实压弯了枝头、清晨的薄雾笼罩大地，蜘蛛网挂在枝头上，空气中充满了凉意等，都在暗示着秋季的到来。温度下降、白天变短、秋高气爽，此时花园的整体基调开始诙谐，但仍然绚丽多彩而斑斓，除了鲜黄色和深沉、浓郁的金黄色外，还有橙色、红橙色、暗红色、紫色、深黄色、棕色及灰棕色等。

冬季景象描述　白天越来越短，天气越来越冷，风雪交加，到处是灰沉沉的景象。在这样灰色的大背景中，仍存在一些优雅而和谐的色彩，如枝干的色彩丰富多彩：深灰色、棕褐色、棕色、灰色、银灰色、白色等；深绿色的常绿植物；锈色和铜色的宿存叶片；还有以一些还挂在枝上红色或黄色的果实等；当大地一片银装素裹时，则更具诗意。

《春之园》　　《夏之园》

春季　柠檬黄和淡黄色为主基调色，蓝色和绿色为辅色，点缀粉色和紫色。
夏季　大蓝绿色的大背景下，粉色与紫色争奇斗艳，点缀红色和暗红色。

图6-15　四季花园——春之园、夏之园　刘毅娟

《秋之园》　　《冬之园》

秋季　绚丽的金黄色中，夹杂着火焰般的橙色、棕色和红色，点缀紫色和暗紫红色。

冬季　灰色、棕色、银色、白色和各种灰墨绿色的基调中，点缀黄色和红色。

图6-16　四季花园——秋之园、冬之园　刘毅娟

参考文献

北京西蔓色彩文化发展有限公司西蔓色研中心. 2004. 关注色彩[M]. 北京：中国轻工业出版社.
曹林娣.2011.苏州园林匾额楹联鉴赏[M].北京：华夏出版社.
陈丛周.2002.说园[M].山东：山东画报出版社.
成朝晖. 2002. 平面港之色彩构成[M]. 杭州：中国美术学院出版社.
戴勉.1979.芬奇论绘画[M].北京：人民美术出版社.
弗兰克·惠特福德 (FRANK WHITFORD). 2001. 包豪斯[M]. 林鹤，译. 北京：生活·读书·新知三联书店.
胡明哲. 2005. 色彩表述——主观配置色彩训练[M]. 北京：人民美术出版社.
金涛，杨永胜.2003.居住区环境景观设计与营建[M]. 北京：中国城市出版社.
刘敦桢.2012.苏州古典园林[M].北京：中国建筑工业出版社.
刘毅娟，刘晓明.2016.苏州古典园林色彩元素的采集与数据化分析[J].中国园林,06.
刘毅娟.2014.苏州古典园林色彩体系的研究[D].北京：北京林业大学.
莫里斯·德·索斯马兹 (MAURICE DE SAUSMAREZ). 2003. 视觉形态设计基础[M]. 莫天伟，译. 上海：上海人民美术出版社.
施文球.2008.姑苏宅韵[M].上海：同济大学出版社.
苏珊·池沃斯 (SUASAN CHIVERS). 2007. 植物景观色彩设计[M]. 董丽，译. 北京：中国林业出版社.
魏嘉瓒.2005.苏州古典园林史[M].上海：上海三联书店.
吴玲仪.2006.天文气象与地质地理[M].苏州：古吴轩出版社.
辛华泉，张柏萌. 2002. 色彩构成[M]. 武汉：湖北美术出版社.
辛华泉. 1999. 形态构成学[M]. 杭州：中国美术学院出版社.
徐爱华.2010.苏州古典园林植物配置研究[D].苏州：苏州大学.
杨晓东.2011.明清民居与文人园林中花文化的比较研究[D].北京：北京林业大学.
尹思谨.2003.城市色彩景观规划设计[M].南京：东南大学出版社.
祝纪楠.2012.《营造法原》诠释[M].北京：中国建筑工业出版社.
DAVID R SMITH. 2004. BACKyARds And BoulEVARds——A Portfolioof of Concrete Paver Project[M]. ICP.
THOTH.2006.荷兰城市规划[M]. 王莹，刘晓涵，蒋丽莉，译. 沈阳：辽宁科学技术出版社.